"十三五"国家重点图书出版规划项目

画说三农书系

画说果树修剪与嫁接

中国农业科学院组织编写

王海波　刘凤之　主编

中国农业科学技术出版社

图书在版编目（CIP）数据

画说果树修剪与嫁接 / 王海波 , 刘凤之 主编 . ——北京 : 中国农业科学技术出版社，2019.5（2021.6 重印）
ISBN 978-7-5116-4071-0

Ⅰ.①画… Ⅱ.①王… ②刘… Ⅲ.①果树—修剪②果树—嫁接 Ⅳ.① S66

中国版本图书馆 CIP 数据核字（2019）第 043916 号

责任编辑 张国锋
责任校对 马广洋

出 版 者 中国农业科学技术出版社
　　　　　　北京市中关村南大街 12 号　邮编：100081
电　　话 （010）82106636（编辑室）（010）82109702（发行部）
　　　　　　（010）82109709（读者服务部）
传　　真 （010）82106631
网　　址 http://www.castp.cn
经 销 者 各地新华书店
印 刷 者 北京尚唐印刷包装有限公司
开　　本 880mm×1 230mm　1 /32
印　　张 6
字　　数 178 千字
版　　次 2019 年 5 月第 1 版　2021 年 6 月第 8 次印刷
定　　价 39.80 元

编委会

《画说『三农』书系》

编写人员名单

《画说果树修剪与嫁接》

主　　编　王海波　刘凤之

副 主 编　王孝娣　赵德英

编　　者　（按姓氏笔画排序）

王孝娣　王海波　王志强　王小龙　王莹莹

王宝亮　史祥宾　刘凤之　李　壮　李　敏

汪景彦　邱　毅　杨卫忠　张金亮　张艺灿

郑晓翠　赵德英　姚成盛　冀晓昊

序言

《画说『三农』书系》

　　农业、农村和农民问题，是关系国计民生的根本性问题。农业强不强、农村美不美、农民富不富，决定着亿万农民的获得感和幸福感，决定着我国全面小康社会的成色和社会主义现代化的质量。必须立足国情、农情，切实增强责任感、使命感和紧迫感，竭尽全力，以更大的决心、更明确的目标、更有力的举措推动农业全面升级、农村全面进步、农民全面发展，谱写乡村振兴的新篇章。

　　中国农业科学院是国家综合性农业科研机构，担负着全国农业重大基础与应用基础研究、应用研究和高新技术研究的任务，致力于解决我国农业及农村经济发展中战略性、全局性、关键性、基础性重大科技问题。根据习近平总书记"三个面向""两个一流""一个整体跃升"的指示精神，中国农业科学院面向世界农业科技前沿、面向国家重大需求、面向现代农业建设主战场，组织实施"科技创新工程"，加快建设世界一流学科和一流科研院所，勇攀高峰，率先跨越；牵头组建国家农业科技创新联盟，联合各级农业科研院所、高校、企业和农业生产组织，共同推动我国农业科技整体跃升，为乡村振兴提供强大的科技支撑。

组织编写《画说"三农"书系》，是中国农业科学院在新时代加快普及现代农业科技知识，帮助农民职业化发展的重要举措。我们在全国范围遴选优秀专家，组织编写农民朋友用得上、喜欢看的系列图书，图文并茂展示先进、实用的农业科技知识，希望能为农民朋友提升技能、发展产业、振兴乡村做出贡献。

中国农业科学院党组书记 张合成

2018 年 10 月 1 日

Contents 目 录

第一部分　果树整形修剪

第二部分　果树嫁接

第一部分　果树整形修剪

第一章

概　述

　　整形修剪是果树生产中技术含量较高的一项栽培措施，历来受到生产者的重视。整形修剪可控制树冠大小，使树体结构合理，枝条稀密适度，便于管理；能较好地调整生长与结果的矛盾，改善通风透光条件，提高果实产量和品质。

　　整形与修剪的结合，称为果树整形修剪。实际上两者密切相关、互为依存，整形依靠修剪才能达到目的；而修剪只有在合理整形的基础上，才能充分发挥作用。果树整形修剪，是以生态和其他相应农业技术措施为条件，以果树生长发育规律、树种和品种的生物学特性及对各种修剪反应为依据的一项技术措施。因此，它必然要因时、因地、因树种品种和树龄不同而异，必须以良好的肥水条件为基础，以防治病虫作保证，果树整形修剪才能充分发挥作用。

第一节　基本概念

一、果树整形

　　果树整形是通过修剪，把树体建造成某种树形，也叫果树整枝，因此，广义的修剪包括整形。针对苹果、梨和桃等乔木果树而言，树形是指主干、中心干、主枝、侧枝和结果枝组等的排列形式；针对蓝莓等灌木果树而言，树形是指主枝、侧枝和结果枝组等的排列形式；针对葡萄等藤本果树而言，树形是主干、主蔓、侧蔓和结果枝组等的排列形式。也就是说一株果树究竟是什么树形，要看其中心干、主枝、侧枝和结果枝组等或主干、主蔓和侧蔓等的空间分布而定。

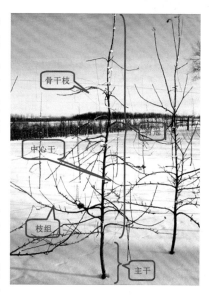

果树树体结构

（一）主干

主干是指地面至第 1 层枝条之间的树干部分。主干高度（简称干高）对树体结构影响较大：高干，根与树冠之间距离大，树冠形成晚，体积小；矮干，根与树冠之间距离小，树冠形成快，体积大，树势生长强，干周增长快，便于树冠管理，有利于防风、积雪、保温、保湿，但不利于地面管理，通风透光较差。种和品种树性直立的，干可矮；树姿开张、枝条较软的，干宜高；大冠稀植，干宜高；矮化密植，干宜矮。大陆性气候一般干宜矮，有利提高果树的抵抗力；海洋性气候，特别是在南方栽培干宜高，有利于通风透光，减少病虫害。实行果粮间作或机械化耕作的，干宜高。

（二）树冠

树冠是果树的主体部分，由中心干、主枝、侧枝和结果枝组等或主蔓、侧蔓和结果枝组等组成。树冠的体积、树高、冠径和间隔，树冠形状，树冠结构和叶幕配置等，对充分合理利用空间和光能、生长结果和果实品质，以及劳动效率等，都有重要影响。

（三）中心干

指主干以上位于树体中央的树干部分。有中心干的树形可使主枝和中心干结合牢固，且主枝可上下分层，因此，有利于立体结果和提高光能利用。有中心干的大冠树形，树冠容易过高，上部担负产量较少，影响光照，对改善果实品质不利。因此，要注意培养层性，并采取延迟开心措施，以改善光照条件。在现代果树栽培中，对果实品质要求越来越高，也可将有中心干的大冠树形，改为单层的自然开心形。无中心干的开心形，光照好，对生产优质果实有利。开张角度较大时，骨干枝背上易发生旺条，有时主枝基部结合不够牢固，是其缺点。密植果园中，采用有中心干的纺锤形、圆柱形或主干形等，由于冠径小，虽然有中心干也不明显分层，同样能合理利用空间，对果实品质有利。

（四）骨干枝

骨干枝构成树冠的骨架，主要由主枝（中心干上分生的永久性骨干枝）和侧枝（主枝上分生的骨干枝）等组成，担负着树冠扩大，水、养分运输和承担果实重量的任务。骨干枝不直接生产果实，属于非生产性枝条，所以，原则上在能充分占领空间的条件下，骨干枝越少越好，可避免养分过多地消耗在建造骨干枝上。为优质高产、简化修剪和提高劳动效率等，现代果树树体结构趋向于简单化，骨干枝数目相应减少。越是密植，骨干枝数目越少，如主干形，全树骨干枝只有 1 个，即中心干。超高度密植的果园，则采用相当于 1~2 个大型枝组的树形，全树没有骨干枝。葡萄的骨干枝特称为龙干（又称龙蔓），植株由地面或基部分出 1 个或数个粗大的茎干，可呈水平、倾斜或直立状态，其上隔一定距离均匀分布结果部位。因此，龙干实质上就是一个着生结果枝组的多年生蔓，欧美葡萄学家称之为 Cordon。

（五）主枝分枝角度

主枝与中心干的分枝角度，对树体骨架的坚固性、结果早晚、产量高低和品质影响很大，是整形的重要关键之一。角度小，树形直立，冠内郁蔽，光照不良，容易上强下弱，影响果实产量和品质，后期树冠下部易光秃，结合部位易劈裂；角度过大，树冠开张，生长势弱，花芽易形成，早期产量高，但易早衰。

（六）尖削度

骨干枝由基部到先端，粗度逐渐变细，粗度差异越大尖削度越大。尖削度是由骨干枝上分枝强弱和多少决定的，侧生分枝强而多，骨干枝尖削度大，但分枝过强且分布过近，会形成"掐脖"现象。侧生分枝弱，尖削度小，如全是短枝，则尖削度很小。适宜的尖削度能建立起坚硬的骨架；尖削度小，骨干枝坚硬程度差，果实负载能力小，结果后易下垂。因此，中大型树冠的主枝要保持一定的尖削度，在整形期间，需年年对骨干枝延长枝短截，保持适当间隔配置侧枝。而密植果园，由于每个主枝果实负载量较小，尖削度可小，为避免尖削度过大，宜对骨干枝进行轻短截或不短截，少配置或不配置大的侧生分枝。

（七）主从关系和树势均衡

中心干强于主枝，主枝强于侧枝，侧枝强于枝组，这是从属关系。只有从属分明，才能保持树形结构牢固，光照良好。一般骨干枝直径与其着生母枝直径之比不超过 0.6 时，结合才牢固，如两者粗细相近，则容易劈裂。密植采用主干形时，必须保持强中干弱主枝，由中心干分生的主枝与着生部位直径之比要小于 1/3~1/2。树势均衡是指各级骨干枝势力之间保持相对平衡。同级骨干枝之间势力应当相近；不同级别骨干枝之间应有一定的从属关系，两者在粗度上应保持适度差别。树势均衡和保持从属关系，是整形修剪技术中较难掌握的一个方面。要增强某骨干枝势力，常采用的方法是适当轻截，多留壮枝，抬高角度，少留花果；消弱时则相反。

（八）辅养枝

又称控制枝，是整形过程中留下的临时性枝。幼树要多留辅养枝，以充分利用光能，促进树体生长，扩大树冠，缓和树势，提早结果。大树冠辅养枝多，存留时间长。密植树冠小，辅养枝少且存留时间短。辅养枝影响骨干枝生长时，将辅养枝疏除或缩剪改为枝组。

（九）枝组

又称单位枝、枝群或结果枝组，是着生在骨干枝上的独立单位，是果树叶片着生和开花结果的主要部分。成龄树的细致修剪主要是在枝组上进行，包括枝组的培养与更新、生长与结果、衰老与复壮等方面的调节。枝组按其大小和生长强弱，可分为大、中和小型枝组。大、中型枝组寿命长，但大型枝组较难控制，结果晚；小型枝组易控制，结果早，但寿命短。大、中型枝组起占领冠内空间的作用，小型枝组起填补大、中型枝组空间的作用。按枝组在骨干枝上着生的位置可分为背上、两侧和背下枝组。背下枝组生长势缓和，容易控制，结果早，但寿命短。背上枝组生长势强，较难控制，结果晚，但寿命长。两侧枝组介于中间，宜多培养两侧枝组。矮化密植果园，树冠小，宜多培养中、小型和侧生枝组；高密度果园，如采用圆柱形，可直接在中心干上培养中、小型枝组。在超高密度果园中，则一棵树可由1~2个大型枝组构成。

二、果树修剪

这里的修剪是指狭义的修剪，与整形相并列，专指枝组的培养与更新、生长与结果、衰老与复壮的调节，修剪不仅指剪枝或梢，还包括一些直接作用于树体上的外科手术和化学药剂处理，如刻伤、曲/拉枝、环剥/割和施用植物生长调节剂等。通常除去干枯死枝，不算是修剪，因为这种剪枝并不影响树体的生理活动和行为。

（一）果树修剪的生物学基础

果树的生物学特性是修剪的重要依据，修剪应符合果树的生长结果特性，通过各种修剪方法及其相互配合，充分利用其反应特点，完成整形任务，实现早结果、优质和丰产。

1. 芽、枝的生长发育与修剪

（1）芽异质性的利用　需发壮枝可在饱满芽处短截；需要削弱时，则在瘪芽处短截。

（2）芽早熟性的利用　具有芽早熟性的树种如桃和葡萄等，利用其一年能发生多次副梢的特点，可通过摘心等夏剪措施加速整形、增加枝量和早果丰产。苹果等一些树种的芽虽不具备早熟性，但通过适时摘心、涂抹发枝素等，也能促进新梢侧芽当年萌发。

（3）芽的潜伏力的利用　芽的潜伏力强，有利修剪发挥更新复壮作用。

（4）芽的萌芽率和成枝力与修剪　萌芽率和成枝力强的树种和品种，长枝多，整形选枝容易，但树冠易郁蔽，修剪应多采用疏剪缓放。萌芽率高和成枝力弱的，容易形成大量中、短枝和早结果，如短枝型苹果、桃和梨等。修剪中应注意适度短截，有利增加长枝数量。萌芽率低的，应通过拉枝、刻芽等措施，增加萌芽数量。修剪对萌芽率和成枝力有一定的调节作用。

（5）顶端优势的利用　强壮直立枝顶端优势强，随角度增大，顶端优势变弱，枝条弯曲下垂时，处于弯曲顶部处发枝最强，表现出优势的转移。顶端优势强弱与剪口芽质量有关，留瘪芽对顶端优势有削弱作用。幼树整形修剪，为保持顶端优势，要用强枝壮芽带头，使骨干枝相对保持较直立的状态；顶端优势过强，可加大角度，用弱枝弱芽带头，还可用延迟修剪削弱顶端优势，促进侧芽萌发。

（6）干性与整形　干性强的树种和品种，如苹果、梨的大部分品种和部分桃品种，适宜建造有中心干的树形；干性弱的树种和品种，如大部分桃的品种，适宜建造无中心干或开心的树形。但是否要保留中心干，可根据需要通过整形修剪调节。为提高品质，苹果也可采用开心形、梨也可采用棚架栽培；密植条件下，桃也可采用由中心干的圆柱形或主干形等树形。

2. 结果习性与修剪

（1）花芽形成时间　幼树促进花芽形成，是夏季修剪的重要任务之一。在花孕育期前至孕育盛期进行环剥、扭梢、摘心、喷施植物生长延缓剂等夏剪措施可有效促进花芽形成，处理越晚效果越差。

（2）开花坐果　春季营养生长和开花坐果在营养分配上相互竞争，通过花期前后采用摘心、环割、喷施植物生长延缓剂等适当夏剪措施，可缓解两方矛盾，在短期内转向有利于开花坐果。

（3）结果枝类型　不同树种、品种，其主要结果枝类型不同。南方品种群的桃，多以长、中果枝结果为主；而北方品种群的桃多以短果枝和花束状果枝结果为主。修剪应当以有利形成最佳果枝类型为原则。以短果枝和花束状果枝结果为主，修剪应以疏放为主；以长、中果枝结果为主，则多采用短截或回缩修剪；长、中、短果枝结果均好的树种和品种，修剪上比较容易掌握。

（4）连续结果能力　结果枝上当年发出枝条持续形成花芽的能力，称为连续结果能力。葡萄和桃当年较易形成花芽，不易出现大小年。苹果和梨则看果台副梢成花情况，如金冠等苹果品种和鸭梨等有一定的连续结果能力，修剪时可适当多留些花芽；富士苹果、库尔勒香梨等连续结果能力较差，修剪时要适当少留些花芽，扩大叶芽比例。这样才能既发挥各自的增产潜力，又有利克服大小年。

（5）最佳结果母枝年龄　多数果树结果母枝最佳年龄段为 2~5 年生枝段，但不同树种会有所差异。枝龄过老不仅结果能力差而且果实品质也会下降，所以，修剪要注意及时更新，不断培养新的年轻的结果母枝。

3. 树势

树势是指树体总的生长状态，包括发育枝的长度、粗度，各类枝的比例、花芽的数量和质量等。不同树势其树体生长状态不同，其中不同枝类的比例是一个常用指标，长枝所占比例过大，表示树势旺盛；长枝过少甚至发不出长枝，则表示树势衰弱。如苹果和梨的高产稳产树，多数研究认为：长枝占 10%~30%、中和短枝占 70%~90% 较为合适，而且长枝在树冠中分布应比较均匀，一般外围比例要大些，但如分布过分集中某一部位，则表示该部位长势强，其他部位弱。

4. 修剪反应的敏感性

即对修剪反应的程度差别。修剪稍重，树势转旺；稍轻，树势又易衰弱，为修剪反应敏感性强，修剪反应敏感性强的品种如富士苹果，修剪要适度，宜进行细致修剪。反之，修剪轻重虽有所差别，但反应差别却不十分显著，为修剪反应敏感性弱，修剪反应敏感性弱的品种如金冠苹果，修剪程度较易掌握。此外，修剪反应的敏感性与气候条件、树龄和栽培管理水平也有关系。气候冷凉、昼夜温差大，修剪反应敏感性弱。一般幼树反应较强，随着树龄增大而逐步减弱。土壤肥沃、肥水充足，反应较强；土壤瘠薄，肥水不足，反应就弱。

5. 生命周期和年周期

果树一生和一年内生长发育的全过程中，不同时期具有不同的特点，包括修剪在内的一切栽培技术措施，都应适应这两个周期的生长发育特点。幼龄果树，树冠和根系离心生长快，整修修剪的任务，是在加强肥水综合管理的基础上，促进幼树旺盛生长，尽快增加枝叶量，完成由营养生长向生殖生长的转化，早形成花芽。修剪方法应以轻剪为主，尽早培养丰产的树体结构，为进入盛果期创造条件。盛果期产量高，品质好，修剪及其他栽培管理的任务，是要尽量延长这一时期的年限。此期由于产量高，消耗营养物质多，树体易衰弱，并容易出现大小年。因此，在加强肥水综合管理的同时，应采取细致的更新修剪，调节花、叶芽比例以克服大小年，维持健壮树势。进入衰老期的果树，由离心生长转为向心生长，产量下降，在增施肥水的前提下，可进行回缩复壮更新。在果树的年周期中，营养物质的合成、输导、分配和积累，都有一定的变化规律。枝、叶、花、果、根等器官，都按一定的节奏进行生长发育，要依其特性进行修剪。休眠期贮藏养分充足，落叶果树无叶无果，是适宜的主要修剪时期，可进行细致修剪，全面调节。开花坐果时，消耗营养多，枝梢生长旺，营养生长和开花坐果竞争养分、水分，摘心、环剥 / 割、喷施植物生长延缓剂，能使营养分配转向有利于开花坐果。花芽分化期以前进行扭梢、环剥 / 割、摘心等夏剪措施，可促进花芽分化。夏、秋梢停长期，疏除过密枝梢，能改善光照条件，提高花芽质量。夏季修剪对果树年周期生长节奏有明显的影响，在一定时间内，对营养物质的输导和分配有很强的调节作用，并可改变内源激素的产生和相互平衡关系，借以调节生长和结果的矛盾。夏剪的重点是调节生长强度，使之有利于花芽分化、开花坐果和果实的发育。

(二)基本修剪方法及作用

果树基本修剪方法包括短截、缩剪、疏剪、长放、曲枝、刻伤、除萌、疏梢、摘心、剪梢、扭梢、拿枝、环剥等多种方法。

1. 短截

又称短剪,即剪去1年生枝梢的一部分,具有如下作用。

①枝梢密度增加,树冠内膛光线变弱,短波光减弱更重,利于枝条伸长,而不利于组织分化。为增加分枝,常用短截。

②缩短枝轴,使留下部分靠近根系,缩短养分运输距离,有利于促进生长和更新复壮。

③改变枝梢的角度和方向,从而改变顶端优势部位。短截可增强顶端优势,故强枝过度短截,往往顶端新梢徒长,下部新梢变弱,不能形成优良的结果枝。

④控制树冠和枝梢,尤其重短截,会使树冠变小。短截可分为轻、中、重和极重短截,轻至剪除顶芽,重至基部只留1~2个侧芽,其反应随短截程度和剪口附近芽的质量不同而异。短截反应特点是对剪口下的芽有刺激作用,以剪口下第1芽受刺激作用最大,新梢生长势最强,离剪口越远受影响越小;短截越重,局部刺激作用越强,萌发中长梢比例增加,短梢比例减少;极重短截时,有时萌发1~2个旺梢,也有的只萌发中、短梢。短截对母枝有削弱作用,短截越重,削弱作用越大。

2. 缩剪

又称回缩,即在多年生枝上短截。缩剪反应特点是对剪口后部的枝条生长和潜伏芽的萌发有促进作用,对母枝则起到较强的削弱作用。其具体反应与缩剪程度、留枝强弱、伤口大小有关。如缩剪留强枝,伤口较小,缩剪适度,可促进剪口后部枝芽生长,过重则可抑制生长。缩剪的促进作用,常用于骨干枝、枝组或老树复壮更新上;削弱作用常用于骨干枝之间调节均衡、控制或削弱辅养枝上。

3. 疏剪

又称疏枝、疏删，即将枝梢从基部疏除。其作用如下。

① 降低枝条密度，使树冠内光线增强，尤其是短波光增强明显，利于组织分化而不利于枝条伸长，为减少分枝和促进结果多用疏剪。

② 疏剪对母枝有较强的削弱作用，常用于调节骨干枝之间的均衡，强的多疏，弱的少疏或不疏。但如疏除的为花芽、结果枝或无效枝，反而可以加强整体和母枝的势力。

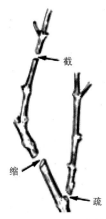

③ 疏剪在母枝上形成伤口，影响水分和营养物质的运输，可利用疏剪控制上部枝梢旺长，增强下部枝梢生长。疏剪反应特点是对伤口上部枝芽有削弱作用，对下部枝芽有促进作用，疏剪枝越粗，距伤口越近，作用越明显。对母枝的削弱较短截为强，疏枝越多、枝越粗，其削弱作用越大。

短截、缩剪和疏剪

4. 长放

又称甩放。即1年生长枝不剪。中庸枝、斜生枝和水平枝长放，由于留芽数量多，易发生较多中短枝，生长后期积累较多养分，能促进花芽形成和结果。背上强壮直立枝长放，顶端优势强，母枝增粗快，易发生"树上树"现象，因此，不宜长放；如要长放，必须配合曲枝、夏剪等措施控制生长势。

5. 曲枝

又称拉枝，即改变枝梢方向。一般是加大与地面垂直线的夹角，直至水平、下垂或向下弯曲，也包括向左右改变方向或弯曲。加大分枝角度和向下弯曲的作用如下。

① 削弱顶端优势或使其下移，有利于近基枝更新复壮和使所抽新梢均匀，防止基部光秃。

② 开张骨干枝角度，可以扩大树冠，改善光照，充分利用空间。

③ 缓和营养生长，促进生殖生长。

6. 刻伤和多道环刻

在芽、枝的上方或下方用刀横切皮层达木质部，叫刻伤。春季发芽前后在芽、枝上方刻伤，可阻碍下部营养向上运输，促进切口下的芽、枝萌发和生长。多道环刻，又称多道环切或环割。即在枝条上每隔一定距离，用刀或剪环切一周，深至木质部，能显著提高萌芽率。单芽刻伤多用于缺枝一方；而多道刻伤，主要用于轻剪、长放的辅养枝上，缓和树势，增加枝量。

曲枝（拉枝）　　　　　　　　环剥和环割

7. 除萌和疏梢

芽萌发后抹除或剪去嫩芽为除萌或抹芽；疏除过密新梢为疏梢。其作用是选优去劣，除密留稀，节约养分，改善光照，提高留用枝梢质量。

抹芽前　　抹芽后　　疏梢前　　　　疏梢后

抹芽（左）和疏梢（右）

8．摘心和剪梢

摘心是摘除幼嫩的梢尖，剪梢包括部分成叶在内。其作用如下。

①削弱顶端生长，促进侧芽萌发和二次枝生长，增加分枝数。

②促进花芽形成。如桃幼树，对新梢长至20~30cm时摘心，以后可连续摘2~3次，从而提高分枝级数，促进花芽形成。

③提高坐果率，如葡萄花前或花期摘心，可显著提高坐果率。

④促进枝条充实。秋季对将要停长的新梢摘心，可促进枝条充实，有利于越冬。

⑤葡萄等可通过剪梢，逼冬芽萌发进行多次结果。摘心和剪梢可削弱顶端优势，暂时提高植株各器官的生理活性，改变营养物质的运转方向，增加营养积累，促进分枝。因此，摘心和剪梢必须在急需养分调整的关键时期进行。

9．扭梢

在新梢基部处于半木质化时，从新梢基部扭转180°，使木质部和韧皮部受伤而不折断，新梢呈扭曲状态。扭梢具有抑制营养生长、促进花芽分化的作用。

10．拿枝

又称捋枝。在新梢生长期用手从基部到顶部逐步使其弯曲，伤及木质部，响而不折。拿枝与扭梢具有相似的作用。

扭梢

11．环剥和绞缢

环剥即将枝干韧皮部剥去一圈；绞缢即用塑料绳等将枝干勒紧。具有抑制营养生长、促进花芽分化和提高坐果率的作用。环剥操作注意事项如下。

（1）环剥时间　环剥时间与环剥目的有关，为促进花芽分化，宜在花芽分化前进行；提高坐果率宜在花期前后进行。

（2）环剥宽度和深度　环剥的适宜宽度，是在急需养分期过后即能愈合为宜。过宽长期不能愈合，抑制营养生长过重，甚至造成植株死亡。环剥过窄，愈合过早，不能充分达到目的。苹果环剥宽度，一般为枝条直径的1/10~1/8。环剥适宜深度为切至木质部，切得过深，伤及木质部，会严重抑制生长，甚至使环剥枝梢死亡；过浅，韧皮部有残留，效果不明显。对环剥敏感的树种和品种，可采用绞缢、多道环割，也可采用留安全带环剥法，留下约10%部分不剥。

（3）环剥效果与剥口以上的叶面积　环剥效果与其树或枝上的叶面积大小有关，幼树或春季环剥过早，由于总体叶面积小，光合产物不多，积累不足，效果差甚至无促花效果。因此，幼树和春季不宜过早环剥。

（4）部分环剥与主干环剥　主干环剥对树整体作用强，对根抑制作用大；部分枝环剥，只对部分枝产生抑制，促进成花或坐果，未环剥枝能继续供给根养分，并能增强光合效率。因此，在不需要控制整株生长的情况下，宜对部分枝实行环剥。

（5）保护环剥切口　为防止病虫对切口的危害和促进愈合，对切口可涂药保护，也可用塑料布或纸进行包扎。

12. 施用植物生长调节剂

在果树实际生产中，尤其是现代集约化栽培管理中，植物生长调节剂目前已获得了广泛的应用。在促进生根；加快幼树生长成形、实现早果丰产；控制成年树过旺营养生长、维持树体的营养生长和生殖生长的平衡；促进和抑制花芽分化、从而实现调控花芽形成数量及克服大小年现象；提高坐果率和防止采前落果或疏花疏果，调节果树负载量；辅助果实机械采收；完成花芽分化或开花的人工诱导；改变果实成熟期，延长鲜果的供应时期或实现鲜果的周年供应；打破或延长休眠，增加树体的抗逆性及除草等方面起到了重要作用，并获得了巨大的经济效益。

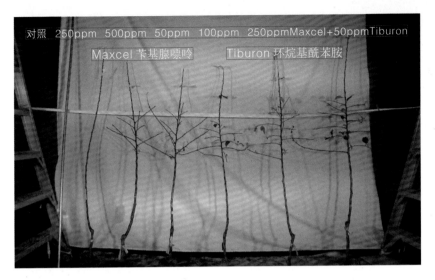

施用植物生长调节剂 — 促发分枝，加快幼树生长成形

（三）修剪时期

果树一年中的修剪时期，可分为休眠期修剪（冬剪）和生长期修剪（夏剪）。生长期修剪可细分为春季修剪、夏季修剪和秋季修剪。

1. 休眠期修剪

指落叶果树从秋冬落叶至春季芽萌发前进行的修剪。由于休眠期修剪是在冬季进行，故又称为冬季修剪。休眠期树体内贮藏养分较充足，修剪后枝芽减少，有利集中利用贮藏养分。落叶果树枝梢内营养物质的运转，一般在进入休眠期前即开始向下运入茎干和根部，至开春时再由根茎运至枝梢。因此，落叶果树冬季修剪时间以在落叶以后、春季树液流动以前为宜。冬季修剪还要综合考虑树种特性、修剪反应、越冬性和劳动力安排等因素。在便于劳动力安排的情况下，冬剪最好在最低气温高于零度的春季进行，可有效减轻抽干问题的发生。不同树种春季开始萌芽早晚不同，如桃较早，修剪应早些进行，苹果稍晚。葡萄在北方寒冷地区需越冬防寒，修剪必须在埋土前进行。落叶果树进入休眠期后早修剪可以促进剪口附近芽的分化和生长，加强顶端优势，减少分枝；晚修剪相反，可缓和树势，增加分枝。对于大面积的果园，多从劳动力合理利用考虑，根据树种和树龄的不同，修剪安排有前有后。

2．生长期修剪

指春季萌芽后至落叶果树秋冬落叶前进行的修剪，由于主要修剪时间在夏季，故常称夏季修剪。

（1）春季修剪　主要包括花前复剪、除萌抹芽、刻伤和延迟修剪等。花前复剪是在露蕾时，通过修剪调节花量，补充冬季修剪的不足。除萌抹芽是在芽萌动后，除去枝干的萌蘖和过多的萌芽。为减少养分消耗，时间宜早进行。延迟修剪，又称晚剪。即休眠期不修剪，待春季萌芽后再修剪，此时贮藏养分已部分被萌动的芽梢消耗，一旦先端萌动的芽梢被剪去，顶端优势受到削弱，下部芽再重新萌动，生长推迟，因此能提高萌芽率和削弱树势。此法多用于生长过旺、萌芽率低、成枝少的品种。

（2）夏季修剪　指新梢旺盛生长期进行的修剪。此阶段树体各器官处于明显的动态变化之中，根据目的及时采用某种修剪方法，才能收到较好的调控效果。如为促进分枝，摘心和涂抹发枝素宜在新梢迅速生长期进行。夏季修剪的关键在"及时"。夏季修剪对树生长抑制作用较大，因此修剪量要从轻。

（3）秋季修剪　指秋季新梢将要停长至落叶前进行的修剪。以剪除过密大枝为主，此时树冠稀密度容易判断，修剪程度较易掌握。由于带叶修剪，养分损失比较大，次年春季剪口反应比冬剪弱。因此，秋季修剪具有刺激作用小，能改善光照条件和提高内膛枝芽质量的作用。北方为充实枝芽以利越冬，对即将停长的新梢进行剪梢，也属秋季修剪。秋季修剪在幼树、旺树、郁蔽的上述应用较多，其抑制作用弱于夏季修剪，但比冬季修剪强。

第二节　整形修剪的作用

一、调节果树与环境的关系

整形修剪的重要任务之一是充分合理地利用空间和光能，调节果树与温度、土壤、水分等环境因素之间的关系，使果树适应环境，环境更有利于果树的生长发育。

根据环境条件和果树的生物学特性，合理地选择树形和修剪，有利果树与环境的统一。在土壤瘠薄、缺少水源的山地和旱地，宜用小冠树形并适当重剪控制花量，使之有利旱地栽培；在寒冷地区，葡萄采用便于下架的树形如带"鸭脖弯"的斜干水平龙干形便于冬季下架越冬防寒；冬季易受冻旱危害的地方，秋季摘心充实枝条和冬前剪去未成熟部分枝梢减少蒸腾，是防冻旱的有效方法之一；在春季易遭晚霜危害的地方，适当高定干和多留花芽，能在某种程度上减轻晚霜对产量的影响。

在调节果树与环境的关系中，最重要的是改善光照条件、增加光合面积和光合时间。整形和修剪可调节果树个体和群体结构，改善光照条件，使树冠内部和下部有适宜光照，树体上下内外，呈立体结果。从树形看，开心形比有中心干树形光照好。增加栽植密度，采用小冠树形，有利提高光能利用率，表面受光量增大，叶幕厚度便于控制。此外，通过开张角度，注意疏剪，加强夏季修剪等，均可改善光照条件。增加光合面积，主要是提高有效的叶面积指数。幼树阶段，由于树冠覆盖率低和叶面积指数小，不利充分利用光能，因此，适度密植，采用轻剪，开张角度，加强夏剪，扩大树冠，提高覆盖率和叶面积指数，充分利用光能，是幼树阶段整形修剪的主要任务之一。成年树则应维持适宜的叶面积指数。果树产量和果实品质在一定限度内与叶面积指数呈正比例关系。一般认为苹果和梨等落叶果树适宜的叶面积指数为 4~5，葡萄等落叶果树适宜的叶面积指数为 3~3.5。光合时间是指每天和一年中光合时间的长短，通过合理的整形和修剪，使树体各部分叶片在一天中有较长时间处于适宜的光照条件下。落叶果树一年中春季形成的叶片比夏、秋季的光合作用时间要长，所以，修剪和其他栽培措施均应有利于促进春季叶面积的增长。

现代研究果树与环境之间的关系，除应重视宏观调控外，也应重视整形修剪等措施对叶际、果际间的光照、温度和湿度等微生态环境的影响。

二、调节树体各部分的均衡关系

果树植株是一个整体，树体各部分和器官之间经常保持相对平衡。修剪可以打破原有的平衡，建立新的动态平衡，向着有利人们需要的方向发展。

（一）利用地上部与地下部动态平衡关系调节果树的整体生长

果树的地上部与地下部存在着互相依赖、互相制约的关系，任何一方的增强或削弱，都会影响另外一方的强弱。地上部剪去部分枝条，地下部比例相对增加，对地上部的枝芽生长有促进作用；若断根较多，地上部比例相对增加，对其生长会有抑制作用；地上部和地下部同时修剪，虽然能相对保持平衡，但对总体生长会有抑制作用。移栽果树时必须切断部分根系，为保持平衡，对地上部也要截疏部分枝条。

冬季修剪是在根系和枝干中贮藏养分相对较多时进行的。对于幼树和初结果树，由于修剪减少地上部枝芽总数，缩短与根系之间的运输距离，使留下的枝芽相对得到较多的水分和养分，因此对地上部生长表现出刺激作用，新梢生长量大，长梢多。但对树整体生长则有抑制作用，因为修剪使其发枝总数、叶片数和总叶面积都减少，进而对地下部根系生长也有抑制作用。因此，为促进生长、扩大树冠、缓和树势、增加枝量、有利花芽形成和开花坐果，对幼树和初果期树应当尽量轻剪，栽植密度越大，越要注意轻剪。进入盛果期的树，由于每年大量开花结果，营养生长明显转弱，短枝增多，修剪的作用不完全与幼树相同。特别是在枝量大、花芽多、树势弱的情况下，由于剪掉部分花芽和无效枝叶，避免过量结果和无效消耗，适当降低树高和缩小树冠，可改善光照条件，也改变了地上部和地下部的比例关系，缩短了根与地上部物质交换的距离，促进枝梢生长，长梢比例增加，对养根、养干和维持树势都有积极作用。但是，修剪过重，同样对树整体上会有抑制生长和降低产量的作用。

夏季修剪是在树体内贮藏养分最少时期进行的，修剪越重，叶面积损失越大，根系生长受抑制越重，对树整体和局部生长都会产生抑制作用。主干环剥或环割等措施，虽然未剪去枝叶，但由于阻碍地上部有机营养向根系输送，抑制新梢生长，必然使根系生长受到强烈抑制，进而在总体上抑制全树生长。根系适度修剪，有利树体生长，但断根较多则抑制生长。断根时期很重要，秋季地上部生长已趋于停止，并向根系转移养分，适度断根既有利根系的更新，对地上部影响也小；在地上部新梢和果实迅速生长时断根，对地上部抑制作用较大。

（二）调节营养器官和生殖器官之间的均衡

生长和结果是果树整个生命活动中的一对基本矛盾，生长是结果的基础，结果是生长的目的。从果树开始结果，生长和结果长期并存，两者互相制约，又可互相转化。修剪是调节营养器官和生殖器官之间均衡的重要手段，修剪过重可以促进营养生长，降低产量；过轻有利结果而不利于营养生长。合理的修剪方法，既应有利营养生长，同时也有利生殖生长。在果树的生命周期和年周期中，首先要保证营养生长，在此基础上促进花芽形成、开花坐果和果实发育。

幼树以营养生长为主，在一定营养生长的基础上，适时转入结果是这一时期的主要矛盾。因此，对幼年果树的综合管理措施应当有利于促进营养生长，适时停长，壮而不旺。整形修剪可通过开张角度、促发分枝、抑制过旺新梢生长等措施，创造有利于向结果方面适时转化。为做到整形和结果两不误，可利用枝条在树冠内的相对独立性，使一部分枝条（骨干枝）担负扩大树冠的任务，另一部分枝条（辅养枝）转化为结果部位。密植果园能否适时以生殖生长控制营养生长，是控制树冠扩大过快的积极措施，如营养生长得不到有效控制，未丰产先封形，密植等于失败。当然过早结果、过分抑制营养生长和树冠扩大，不能充分利用空间和光能，也不利丰产。

盛果期树花量大、结果多，树势衰弱和大小年结果是主要矛盾。通过修剪、疏花疏果和改善叶片质量等综合配套技术措施，可以有效地调节营养生长和生殖生长的矛盾，克服大小年结果，达到果树连年丰产，又保持适度的营养生长，维持优质丰产的树势。

（三）调节同类器官间均衡

一株果树上同类器官之间也存在着矛盾。骨干枝之间会有强弱之分；一株树会有上强下弱或上弱下强；同一骨干枝可能出现先端强后部弱或后部强先端弱等情况。修剪能调节各部分的均衡关系，如对强势部位适当重剪，疏除部分壮枝，开张角度，多留花果，必要时进行环剥或环割处理；弱势部位则反之，这样可逐步调至均衡。树冠内各类营养枝之间的比例也应保持相对平衡。长枝数量多比例大，有利营养生长；而短枝数量多比例大，有利生殖生长，两者之间也存在平衡和竞争。长枝多时以疏、放修剪为主，以利增加短枝数量；短枝多时多用短截和缩剪，以利增加长枝数量。果枝与果枝、花果与花果之间也存在着养分竞争，花量过大坐果率并不高，通过细致修剪和疏花疏果，可以选优去劣，去密留稀，集中养分，保证剪留的果枝、花芽结果良好。

三、调节生理活动

修剪有多方面的调节作用，但最根本的是调节果树的生理活动，使果树内在的营养、水分、酶和植物激素等的变化，有利果树的生长和结果。

许多试验表明，修剪能明显改变树体内的水分、养分状况。短截提高初生新梢全氮含量、降低全碳水化合物含量；而疏剪初生新梢全氮含量高于不修剪，低于短截修剪，但提高了全碳水化合物含量。因此，短截能增强同一枝上顶端优势，促进新梢生长，而疏剪则有利于促进花芽形成和结果。开张角度可影响光合产物的分配，使新梢光合产物自留量增加，外运量减少，因此，促进了花芽形成和结果。生长季摘心可使新梢内的糖、淀粉和氮素等含量增加。环剥使新梢内的氮素含量和含水量降低、总碳水化合物含量增加，因此，环剥有利促进花芽分化。

此外，修剪还能调节果树的代谢作用和内源激素平衡等生理活动。

第三节　整形修剪的注意事项

一、正确判断是制定合理修剪技术的前提

一个果园或一株树应如何修剪，除需了解果园的立地条件、肥水管理、技术水平等基本情况外，还应对树体全面情况进行调查和观察，如树体结构、树势、枝量和花芽等。树体结构方面要注意骨干枝的配置、角度、数量和分布是否合理；树冠高度、冠径和冠形；行株间隔与交接情况；通风透光是否良好等。在观察树势方面，一是判断总体的强弱，二是局部之间长势是否均衡，三是长、中、短枝比例。枝量和花芽方面，主芽观察总枝量、花芽的数量及质量等。根据调查结果，抓住主要矛盾，因地、因树制订出综合修剪技术方案。

二、修剪技术的综合运用必须考虑修剪的综合反应

修剪具有双重作用，不同的修剪方法、修剪对象、修剪程度以及立地条件均可对修剪效果产生影响。所以，实施修剪时应根据果园、树种、品种的实际修剪反应，正确综合采用不同的修剪方法。

修剪的双重作用是普遍存在的，一种修剪方法的主要反应是人们所希望的，可以起到积极作用；次要反应不是人们所希望的，为消极作用。如短截修剪，对促进局部营养生长有利，对树体或母枝会有

削弱作用，也不利开花结果。疏剪长放有利缓和树势和开花结果，能改善通风透光条件，但长期应用树体容易衰老。如果不同修剪方法其作用性质相同，其反应将得到加强，如对缩剪后留下的壮枝再行短截，其局部刺激作用会增强；将枝拉平后再配合多道环割，萌芽率会更高，削弱生长势更强。如果不同修剪方法作用性质相反，就会相互削弱。如短截先端长枝后，对其着生母枝下部又疏除壮枝，短截的局部刺激作用会受到削弱；在拉枝上端又疏除壮枝，由于伤口对其下枝生长有促进作用，使拉枝的缓势作用受到削弱。因此，任何修剪技术不可能只采用单一种方法修剪，必须与其他修剪方法相配合，才能使积极作用得到最大程度的发挥，消极作用得到适当的克服。

三、树体反应是检验修剪是否正确的客观标准

不论单一修剪方法，还是不同修剪方法的配合应用，因受树种、品种、树龄、立地条件和其他栽培措施等多种因素的影响，其反应不完全相同。一种修剪方法在此地此时应用合适，彼地彼时就不一定合适，甚至出现相反效果，这是修剪技术较难掌握的原因之一。多年生果树本身是一个客观的"自身记录器"，能将各种修剪方法及其反应较长期保留在树体上，这是树体自身和当地各种因素综合作用的结果。所以，调查和观察树体历年（尤其是近 1~2 年）的修剪反应，可明确判断以前修剪方法是否正确。基本正确，可参照继续执行；修剪不当应予修正，使修剪趋于合理，真正做到因地因树修剪，发挥修剪应有的效果。

四、修剪必须与其他农业技术措施相配合

修剪是果树综合管理中的重要技术措施之一，只有在良好的综合管理基础上，修剪才能充分发挥作用。优种优砧是根本，良好的土肥水管理是基础，防治病虫是保证，离开这些综合措施，单靠修剪是生产不出优质高产的果品的。个别地区过去曾流行过"一把剪子定乾坤"的说法，片面夸大了整形修剪的作用，是不正确的。反之，认为只要其他农业技术措施搞好，果树就不用修剪，也是不全面的，其他农业技术措施也代替不了修剪的作用和效果。

第四节　整形修剪的发展趋势

一、提倡"高光效、省力化"树形和叶幕形及简化修剪，注重机械化修剪

果树不仅是我国优势产业之一，也是劳动密集型产业。近年来，随着工业化及城镇化的快速发展，大量农业劳动力向二、三产业转移，果树生产人工成本大幅度增加，直接影响到果树产业的经济效益。因此，对果园机械化生产技术的需求越来越迫切，果树生产管理的机械化已成为实现果树产业现代化的必然要求。国内外实践表明，农艺农机有机融合是实现果树机械化生产的内在要求和必然选择。"高光效、省力化"的树形和叶幕形是果树生产机械化的前提和基础，中国农业科学院果树研究所等科研单位经多年研究提出了适于果树机械化生产的"高光效、省力化"树形和叶幕形，例如葡萄的适于下架越冬防寒的斜干水平龙干形配合水平叶幕和适于非下架越冬防寒的直干倾斜龙干树形，"一"字形与"H"形等配合"V"形叶幕或水平叶幕的"高光效、省力化"树形和叶幕形。同时为了配合"高光效、省力化"树形和叶幕形，中国农业科学院果树研究所等科研单位经多年研究提出了葡萄的一次成梢和两次成梢等主梢管理和留一叶绝后摘心等副梢管理与喷施烯效唑化学修剪等省力化简化修剪技术，而且研发出整形修剪配套机械设备—仿形式剪梢机。

二、重视叶幕微气候调控在修剪中的作用

大量研究证明，不同的叶幕形会造成叶幕较大的光能截获率、光谱光质、叶幕温度、叶幕湿度等微环境差异，继而影响果实的产量和品质。因此，用叶幕微气候调控理论来指导果树的整形修剪，是国际果树界自20世纪70年代以来得到迅速发展的研究领域。良好的树形

和叶幕形通过改善冠层的通风透光条件，达到改善叶幕微环境，提高果树叶片的群体光合效率，促进树体营养积累的效果，进而达到提高果实产量和品质的目的。

三、注重全年修剪，重视夏剪作用

注重全年修剪，冬季修剪必须和夏季修剪密切配合，相互增益，才能发挥良好效果。特别是幼树和密植果园，夏季修剪已成为综合配套修剪技术的重要组成部分，其作用不是冬季修剪所能代替的。夏剪能克服冬剪的某些消极作用，冬剪局部刺激作用较强，通过抹芽、摘心、扭梢、拿枝、环剥或环割等夏剪方法，可缓和其刺激作用。夏剪是在果树生命旺盛活动期间进行，能在冬剪基础上，迅速增加分枝、加速整形和枝组培养。尤其是在促进花芽形成和提高坐果率等方面的作用比冬剪更明显。夏剪及时合理，还可使冬剪简化，并显著减轻冬剪的工作量。因此，建议加强夏剪，夏剪能解决的问题，绝不拖到冬剪解决。

第二章

高光效省力化树形和叶幕形

第一节 葡 萄

一、葡萄的架式

设立支架可使葡萄植株保持一定的树形，枝叶能够在空间合理分布，以获得充足的光照和良好的通风条件，并便于在园内进行一系列的田间管理。

（一）架式的类型及特点

1. 篱架

篱架是一种利于早期丰产和机械化操作的架式，因植株整体像是一个篱笆造形而得名，一般的篱架叶幕形为"I"形、"V"形和高宽垂等。

（1）单篱架 沿葡萄行向一般每隔 4.0~6.0m 栽一根立柱，并在立柱间拉 3~5 道铅丝。一般架高 1.5~2.0m，根据品种和不同地区的气候、环境、地形以及土壤特点来调节架面高度和铅丝密度。一般来说，在气候条件好、土壤肥沃的地区或是长势较旺的葡萄品种，架面可以适当加高；而对于降水较少、土壤瘠薄的地区，长势较弱的葡萄品种，则可以降低架面。铅丝密度因栽培模式不同有很大差异，一般采用 3~4 道铅丝。第 1 道铅丝一般在 40~50cm 处，现在很多地区的第 1 道铅丝拉在更高位置，这样可以有效调节架面的微气候环境，对葡萄架面的下部通风有很大好处，可以很好地减少葡萄旺盛生长期病害的发生。出于对简易修剪、节省人工的考虑，将两道铅丝绑在立柱同一位置，然后将葡萄的枝蔓挤在铅丝形成的通道中，使叶幕呈正规的"I"字形，有效减少绑缚用工。单篱架的优点是通风透光良好，作业方便，利于机械化操作，同时也利于防寒地区的埋土越冬工作，而且易于控制树形，利于早期丰产；其缺点是行距宽、影响有效架面与果实负载量。在北方地区，行距偏窄易引起冬季根系冻害，同时，结果部位偏低，易发生各种病害；新梢在架面上大多直立生长，易徒长，增加夏剪用工量。

（2）"T"形架　一般架高 1.5~2.0m，在单篱架顶端 1.5~2.0m处加一横干，横杆长 0.8~1.0m，使得架的横剖面为一个英文字母的"T"。该种架式适合生长势强的品种，一般将葡萄留一个 1.3~1.8m的主干，在立柱铅丝上固定水平龙干（主蔓），将结果枝上生出的新梢引缚在上面横杆的铅丝上，然后任其自然下垂生长，形成两条下垂的叶幕。"T"形架的高度、横杆宽度因品种和生长势的不同有所变化。该架式有利于缓和新梢长势，减少夏剪用工量，其叶幕是 T 形架平面的叶幕与两边下垂的立面叶幕相结合的混合叶幕类型。

（3）"Y"形架　这种架式和"T"形架有些相似之处，一般架高1.5~2.0m，在距离地面 0.5~1.0m 处拉第 1 条铅丝，在第 1 道铅丝上方 0.5m 和 1.0m 处的立柱上再固定 1 个或 2 个横杆，下面的横杆长约 0.75m，上面的横杆长约 1.5m，并分别在横杆两头固定两条铅丝，然后将葡萄主蔓绑在第 1 道铅丝上，主蔓的延长头顺着一个方向沿铅丝绑缚，萌发的新梢引缚到第 2 道和第 3 道铅丝上。这种架式有利于机械化操作。

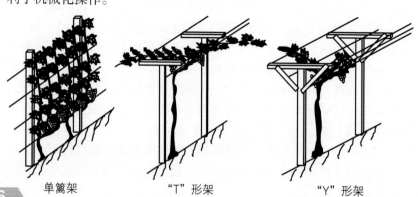

单篱架　　　　　　"T"形架　　　　　　"Y"形架

（4）倾斜式"Y"形架 由中国农业科学院果树研究所浆果类果树栽培与生理科研团队针对日光温室暨冬暖式塑料大棚栽培设施的光照和空间特点设计而成，是"Y"形架的变形，具有光能和空间利用率高，有效减轻或避免葡萄主蔓顶端优势，使芽萌发整齐的优点。架面北（靠近日光温室

倾斜式"Y"形架

后墙）高南（靠近日光温室前底角）低，一般架高由北面的2.0m向南逐渐过渡到1.0m。在距离地面1.0m（北边，靠近日光温室后墙）至0.2m（南边，靠近日光温室前底角）处拉第1条铅丝，在立柱上再固定1个或2个横杆，下面的横杆长约0.75m，上面的横杆长约1.5m，并分别在横杆两头固定两条铅丝，然后将葡萄主蔓绑在第1道铅丝上，主蔓延长头顺着一个方向、沿铅丝由高到低倾斜绑缚，萌发的新梢引缚到第2道和第3道铅丝上。

2. 棚架

这种架式由于其植株的栽培空间大，充分突出了葡萄占天不占地的优势，对那些缺土、缺水、缺肥地区发展葡萄更有意义。

（1）双层倾斜式棚架 该架式由中国农业科学院果树研究所研发提出并经多年生产验证，适应于日光温室南部空间低、北部空间高的条件，可充分利用日光温室空间。一般架面长6.0~8.0m，架后部高1.0m左右，架前部高2.0~2.5m。架面分为上下两层，层间距15~30cm，便于新梢绑缚并具一定防风效果，防止由于受力不当和大风导致保留新梢掉落。上层架面纵横牵引铁丝固定新梢，由骨架铁丝和定梢钢丝组成，便于新梢绑缚并使其摆布均匀。下层架面由安装在上层架面上的15~30cm长的挂钩形成，用于固定葡萄龙干（主蔓），方便葡萄龙干（主蔓）上下架；上架时，葡萄主蔓直接挂到挂钩上；下架时，葡萄主蔓从挂钩上摘下。植株通常采用倾斜龙干树

形。但这种架式相对篱架树形成形慢，结果部位容易前移，造成后部空虚，不易控制。

（2）双层水平棚架　该架式由中国农业科学院果树研究所研发提出并经多年生产验证，架高通常为 1.8~2.2m，立柱间距通常为 4.0m 左右，棚面与地面平行。架面分为上下两层，层间距 15~30cm，便于新梢绑缚并具一定防风效果，防止由于受力不当和大风导致保留新梢掉落。上层架面纵横牵引铁丝固定新梢，由骨架铁丝和定梢钢丝组成，便于新梢绑缚并使其摆布均匀。下层架面由安装在上层架面上的 15~30cm 长的挂钩形成，用于固定葡萄龙干（主蔓），方便葡萄龙干（主蔓）上下架；上架时，葡萄主蔓直接挂到挂钩上；下架时，葡萄主蔓从挂钩上摘下。植株通常采用水平龙干树形。这种架式相对篱架树形成形慢，但由于架面较高，病害较轻。

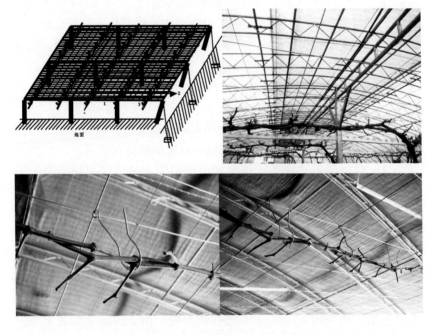

1. 架面骨架铁丝；2. 定梢钢丝；3. 挂钩；4. 主蔓

双层棚架示意图与实景图（铁丝形成上层架面、固定新梢，挂钩形成下层架面、固定主蔓）

采用研发的双层棚架，具有葡萄上下架和定梢及新梢绑缚简便快速、主梢剪截标准化、新梢摆布均匀的特点，充分发挥出龙干形配合水平叶幕的优势，为葡萄的标准化、数字化和省力化生产提供了硬件支撑。

篱架和棚架等架式一般情况下单独使用，特殊情况下也可混合使用，如单篱架和双层棚架混合使用，可有效提高栽培设施的空间利用率。

适宜架式的选择与葡萄的栽培类型紧密相关，不同的葡萄栽培类型需选择不同的架式与之相适应。在设施葡萄冬促早栽培中的首推架式是倾斜式"Y"形架，其次是倾斜式棚架；春促早栽培及露地栽培中的首推架式是双层平棚架，其次是"Y"形架和"T"形架；单栋避雨棚中的首推架式是"Y"形架和"T"形架，连栋避雨棚中的首推架式是双层平棚架；延迟栽培中的首推架式是双层平棚架或倾斜式棚架，其次是倾斜式"Y"形架、"Y"形架和"T"形架。

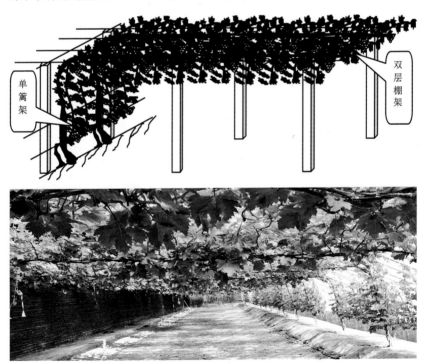

单篱架与双层平棚架混用，提高空间利用率

（二）葡萄架的架设

1.架材的选择

架材包括支柱、铁丝和锚石等。

（1）支柱　支柱（或架柱）材料可用角铁、木柱、铝合金角柱、水泥柱或石柱等，支柱可就地取材，不拘一格。

① 木柱以硬木质树种为好，如柞树、槐树、榆树、桑树等。而速生树种，如杨树、柳树等做支柱，使用寿命较短。为延长木柱的使用寿命，埋入土中的部分应进行防腐处理。首先将树皮去掉，然后对木柱的下半段长 60~80cm 部分，可用下述任一种方法处理：a.将木柱浸入 5% 硫酸铜溶液的池子内，4~5 天后取出，风干；b.将木柱浸入煤焦油中约 24 小时，或在煮沸的焦油中浸半小时即可；c.将木柱浸入含 5% 五氯苯酚的柴油溶液中 24 小时。一般用油剂处理的木柱，需要较长时间（1 个月以上）干燥后方能使用。除上述处理方法外，也有用沥青涂抹或用火熏焦木头表层等方法，都有一定防腐效果。

② 钢筋水泥柱坚固耐久，应用比较普遍，一般宽 10~15cm、厚 8~12cm，长度根据要求而定。

（2）铁丝　铁丝需要镀锌的铅丝或钢丝，钢丝不易生锈，但拉线较费劲，需要专用工具。根据架式的高矮和种类，选用不同直径的铅丝，一般篱架用 11~14 号铅丝，棚架用 8~12 号铅丝。

2.篱架的架设方法

（1）边柱的设置和固定　一行篱架的长度为 50~100m。每行篱架两边的边柱要埋入土中 60~80cm，甚至更深；边柱可略向外倾斜并用地锚固定，在边柱靠道边的一侧 1m 处，挖深 60~70cm 的坑，埋入重约 10kg 的石块，石块上绕 8（Φ4.064mm）~10 号（Φ3.251mm）的铅丝，铅丝引出地面并牢牢地捆在边柱的上部和中部。边柱也可从行的内侧用撑柱（直径 8~10cm）固定。有的葡萄园在制作水泥柱的时候，即在边柱内侧作一凸起，以便撑柱固定。有园区小道隔断的葡萄行，其相邻的两根边柱较高时，可以将它们的顶端用粗铅丝拉紧固定，让葡萄爬在其上形成长廊。由于边柱的埋设呈倾斜状态，加上拉有固定地锚的铅丝，使葡萄行两头的利用不大经济。为此，也可将葡萄行两端的第 2 根支柱设为实际受力的倾斜边柱，而将两端的第 1 根边柱直立埋设（入土 50~60cm），与中柱相似。这样一来，葡萄行两端第 1 根支柱的受力不大，只需负荷两端第 1 和第 2 根支柱之间的几株葡萄即可。

（2）中柱的设置和固定　行内的中柱相距 4~6m，埋入土中深约 50cm。一行内的中柱和边柱应为统一高度，并处于行内的中心线上。带有横杆的篱架（T 形架和 Y 形架等），要注意保持横杆牢固稳定。离地高度和两侧距离要平衡一致。

（3）铅丝的引设　篱架上拉铅丝时，下层铅丝宜粗些，可用 10 号（Φ3.251mm）铅丝；上层铅丝可细些，可用 12 号（Φ2.642mm）铅丝。在某些高、宽、垂整形的葡萄园内，支架下部第 1 道铅丝离地面较高，承载龙干或枝蔓的负荷较大，这时需用较粗的铅丝。在设架和整形初期可先拉下部的 1~2 道铅丝，以后随着枝蔓增多再最后完成。拉铅丝时，先将其一端的边柱固定，然后用紧线器从另一端拉紧。先拉紧上层铅丝，然后再拉紧下层铅丝。

3. 棚架的架设方法

棚架的架设比篱架复杂，设置单个的分散棚架比较灵活和容易调整，而设置连片的棚架就必须严格要求，从选材到设架的各个环节都要按照一定的标准高质量的完成。

（1）角柱和边柱的设置固定　葡萄棚架架面高 1.8~2.2m（以普通身高的人能直立操作为准），呈四方形的平棚架，每块园地的四角各设一根角柱，园地四周设边柱，边柱之间相距约 4m。在地上按45°角斜入 60cm 的坑，距边柱基部外 1.5~2.0m 处挖深约 1m 的坑穴，将重 15~20kg 的地锚埋入土中，地锚预先用 8~10 号铅丝或细钢丝绑紧，用以固定边柱。角柱的设置：以较大的倾斜度埋入土中，一般为 60°，深 60~80cm。由于角柱从两个方向受到的拉力更大，可用 3~4 股铅丝或钢丝绑紧地锚（重约 20kg），从两侧加以固定，角柱的顶端定位于相互垂直的两行边柱顶端联线的交点。

（2）拉设周线和干线，组成铅丝网格　将葡萄园四周的边柱连同角柱的顶端，用双股的 8~10 号铅丝或是钢丝相互联系，拉紧并固定，形成牢固的周线；相对的边柱之间，包括东西向和南北向的边柱之间，用 8 号铅丝拉紧，形成干线；在架柱之间 8 号铅丝形成的方格上空，再用 12~15 号铅丝拉设支线，纵横固定成宽 30~60cm 的小方格，形成铅丝网格。

（3）中柱的设立　在拉设好干线、初步形成铅丝网格后，在干线的交叉点下将中柱直立埋入土中，底下垫一砖块，深 20~30cm。中柱的顶端预留有约 5cm 长的钢筋或设有十字形浅沟，交叉的干线正好嵌入其中，再以铅丝固定，注意保持中柱与地面的高度并处于垂直状态。

二、葡萄的高光效省力化树形和叶幕形

目前，在葡萄生产中，树形普遍采用多主蔓扇形和直立龙干形，叶幕形普遍采用直立叶幕形（即篱壁形叶幕），存在如下诸多问题，严重影响了葡萄的健康可持续发展：通风透光性差，光能利用率低；顶端优势强，易造成上强下弱；结果部位不集中，成熟期不一致；不利于机械化操作，管理费工费力；新梢长势旺，管理频繁，工作量大。

中国农业科学院果树研究所等科研单位针对葡萄产业存在的上述问题，以高光效和省工省力为基本目标，开展系统研究，经多年科研攻关创新性提出葡萄的高光效省力化树形和叶幕形，具有光能利用率高、光合作用佳、新梢生长均衡、果实成熟早且一致、品质优、管理省工、便于机械化生产的特点，同时有效解决了葡萄栽培管理过程中的农机农艺融合问题。

传统树形和叶幕形（直立龙干形配合直立叶幕）

（一）倾斜龙干树形配合"V"／"V+1"形叶幕

1．栽培模式

适用于日光温室中的冬／秋促早栽培模式。

2．架式与行向

适合倾斜式"Y"形架，倾斜式"Y"形架面由8号铁线和细尼龙线构成，用于固定新梢形成"V"形叶幕；倾斜式"Y"形架中心铁线安装由8号铁线制作的长10~15cm的挂钩，用于固定龙干（主蔓），具有龙干（主蔓）上下架容易、新梢绑缚标准省工的特点。行向以南北行向为宜。因为南北行向比东西行向受光均匀。东西行向定植行的南侧新梢全天受不到直射光照射，而北侧新梢则全天受到太阳直射光的照射，所以东西行向定植行的北侧新梢果穗成熟早、品质好，而南侧新梢果穗成熟晚，品质差，甚至有叶片黄化的现象。

3．栽植密度

株距1.0~2.0m，行距2.0~2.5m；单穴双株定植。

4．树体骨架结构

主干直立，高度0.2~1.5m，根据日光温室空间确定；龙干（主蔓）北高南低，从基部到顶部由高到低顺行向倾斜延伸，减轻顶部枝芽顶端优势、增强基部枝芽顶端优势，使芽萌发整齐，便于操作；结果枝组在龙干（主蔓）上均匀分布，枝组间距因品种而异，可短梢修剪的品种同侧枝组间距10~20cm，需中短梢混合修剪的品种同侧枝组间距30~40cm，需长短梢混合修剪的品种同侧枝组间距60~100cm。

5．叶幕结构

经中国农业科学院果树研究所浆果类果树栽培与生理科研团队多年研究发现，在冬春季为主要生长季节的设施栽培模式中，直立叶幕、"V"形叶幕和水平叶幕三种叶幕形，从光能利用率、叶片质量、果实品质和果实成熟期等方面综合考虑，以"V"形叶幕效果最佳、水平叶幕次之、直立叶幕效果最差。

（1）"V"形叶幕 新梢与龙干（主蔓）垂直，在龙干（主蔓）两侧倾斜绑缚呈 V 形叶幕，新梢间距 15cm、长度 120cm 以上；新梢留量每亩 3500 条左右，每新梢 20~30 片叶。

（2）"V+1"形叶幕 每结果枝组留 1 条更新梢，更新梢数量与结果枝组数量相同，更新梢间距与结果枝组间距相同，更新梢直立绑缚呈"1"字形。非更新梢暨结果梢与主蔓（龙干）垂直，在主蔓（龙干）两侧倾斜绑缚呈"V"形叶幕，新梢间距 15cm、长度 120cm 以上，非更新梢留量每亩 3500 条左右，每新梢 20~30 片叶。该叶幕形有效解决了设施内新梢花芽分化不良的晚熟品种（果实成熟期在 6 月中旬以后）果实发育与更新修剪的矛盾，实现连年丰产。

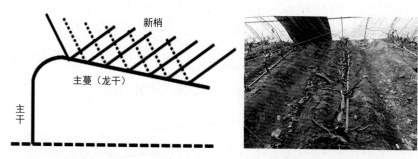

倾斜龙干形示意图及实景图（倾斜"V"形架面，北高南低）

"V"形叶幕（新梢间距 15cm，亩留量 3500 条左右）

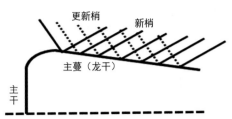

更新梢

"V + 1"形叶幕示意图及实景图

6. 整形过程

（1）第 1 年　定植当年萌芽后每株选留 1 个生长健壮的新梢做主干和主蔓，将新梢直立引缚到架面上，当长至能与相邻植株重叠长度时摘心，同时将新梢上半部分绑缚到第一道铅丝上培养为主蔓，顶端 1 个副梢留 5~6 片叶反复摘心。主干上的副梢当长至 3~4 片叶时留 1 叶绝后摘心，主蔓（龙干）上的副梢留 5~6 片叶摘心，以加快成形。主蔓副梢上萌发的副梢除顶端副梢留 2~3 叶反复摘心外，其余副梢均留 1 叶绝后摘心。冬剪时，主蔓于两植株重叠处剪截，主蔓上的副梢留 1 个饱满芽短截，而对于主干上的副梢全部剪除。

（2）第 2 年

① 果实采收期在 6 月 10 日之前的不耐弱光的葡萄品种如夏黑和矢富罗莎：萌芽后，将主干上萌发的芽或新梢全部抹除，而主蔓上的新梢按照同侧间距 15cm 的标准绑缚呈 "V" 形叶幕，多余新梢抹除，所留新梢采取两次成梢技术（坐果率低的欧美杂种，第 1 次于花前 7 天左右在正常叶片大小 1/3 叶片处剪截，第 2 次待新梢长至 150cm 左右时在正常叶片大小 1/3 叶片处剪截）或一次成梢技术（坐果率高的欧亚种，待新梢长至 150cm 左右时在正常叶片大小 1/3 叶片处剪截），新梢上萌发副梢除顶端副梢留 2~3 叶反复摘心外其余副梢均留 1 叶绝后摘心。待果实采收后，进行更新修剪，将所有新梢留 1 饱满芽短截（短截时剪口芽已经成熟变褐者，需用石炭氮或葡萄专用破眠剂或单氰胺等涂抹剪口芽，促使剪口芽整齐萌发），逼发冬芽副梢以实现连年丰产，对于萌发的冬芽副梢一般长至 0.8~1.0m 时摘心，其上萌发的所有夏芽副梢除顶端副梢留 2~3 叶反复摘心外其余副

梢均留 1 叶绝后摘心。冬剪时，对保留结果母枝根据品种成花特性进行短截，多余疏除。

② 果实采收期在 6 月 10 日之后的不耐弱光的葡萄品种如阳光玫瑰和红地球等：萌芽后，将主干上萌发的新梢全部抹除；主蔓上的非更新新梢按照同侧间距 15cm 的标准倾斜绑缚呈 "V" 形叶幕，每一植株主蔓结果枝组基部位置留一健壮新梢直立绑缚呈 "1" 形叶幕，作为更新梢备用，以实现连年丰产；多余新梢抹除。非更新新梢采取两次成梢技术（坐果率低的欧美杂种，第 1 次于花前 7 天左右在正常叶片大小 1/3 叶片处剪截，第 2 次待新梢长至 150cm 左右时在正常叶片大小 1/3 叶片处剪截）或一次成梢技术（坐果率高的欧亚种，待新梢长至 150cm 左右时在正常叶片大小 1/3 叶片处剪截），直立绑缚呈 "1" 形叶幕的新梢留 6~8 片叶摘心，培养为更新预备梢。新梢上萌发副梢除顶端副梢留 2~3 叶反复摘心外其余副梢均留 1 叶绝后摘心。于 5 月 10 日前将培养的更新预备梢留 4~6 个饱满芽进行短截（短截时剪口芽已经成熟变褐的葡萄品种，需对剪口芽用石灰氮或葡萄专用破眠剂——破眠剂 1 号或单氰胺涂抹以促进其萌发），逼迫顶端冬芽萌发新梢，培养为翌年的结果母枝；对于萌发的冬芽新梢一般长至能与相邻更新梢重叠长度时摘心，其上萌发的所有夏芽副梢除顶端副梢留 2~3 叶反复摘心外，其余副梢均留 1 叶绝后摘心。其余倾斜绑缚呈 "V" 形叶幕的结果梢在浆果采收后从基部疏除。冬剪时，对培养好的结果母枝沿 "V" 形架第 1 道铁丝弯曲绑缚于相邻植株或结果母株重叠处短截。

③ 耐弱光的葡萄品种如华葡紫峰和红标无核等：萌芽后，将主干上萌发的新梢全部抹除，而主蔓上的新梢按照同侧间距 15cm 的标准绑缚呈 "V" 形叶幕，多余新梢抹除，所留新梢采取两次成梢技术（坐果率低的欧美杂种，第 1 次于花前 7 天左右在正常叶片大小 1/3 叶片处剪截，第 2 次待新梢长至 150cm 左右时，在正常叶片大小 1/3 叶片处剪截）或一次成梢技术（坐果率高的欧亚种，待新梢长至 150cm 左右时在正常叶片大小 1/3 叶片处剪截），新梢上萌发副梢除顶端副梢留 2~3 叶反复摘心外，其余副梢均留 1 叶绝后摘心。待果实采收后，对于新梢顶端再次萌发的补偿性生长新梢留 3 片叶及时剪

截，此后顶端副梢留1叶反复摘心，其余副梢留1叶绝后摘心。冬剪时，对保留结果母枝根据品种成花特性进行短截，多余疏除。以后每年重复第2年的管理方法。

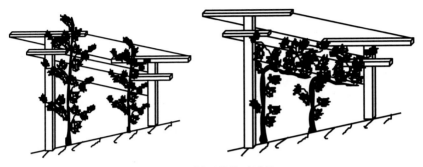

倾斜龙干树形的整形过程

（二）水平龙干树形配合水平／"V"形叶幕

1. 栽培模式

适用于春促早、延迟、避雨和露地栽培模式。

2. 架式与行向

适合双层棚架和"T"形或"Y"形篱架，上述架式具有主蔓上架容易、新梢上架绑缚不易掰掉的优点。双层棚架架面由上下两层构成，其中上层架面由8号铁线和细钢丝构成，用于固定新梢形成水平叶幕；下层架面由8号铁线制作的长15~30cm长的挂钩构成，用于固定主蔓。"Y"形篱架的"V"形架面由8号铁线和细尼龙线构成，用于固定新梢形成"V"形叶幕；"V"形架中心铁线安装由8号铁线制作的长10~15cm的挂钩，用于固定主蔓。"T"形篱架的水平架面由8号铁线和细尼龙线构成，用于固定新梢形成水平叶幕；"T"形架中心铁线安装由8号铁线制作的长15~30cm的挂钩，用于固定主蔓。行向水平叶幕南北或东西均可，"V"形叶幕必须为南北方向。

3. 栽植密度

（1）冬季需下架防寒栽培模式　宜采取斜干水平龙干形，株行距以 2.5m×4.0（单沟单行定植）~8.0m（单沟双行定植）或（2.0~4.0）m×（2.5~3.0）m（部分根域限制建园）为宜，单穴双株定植。

（2）冬季不需下架防寒栽培模式　可采取"一"字形和"H"形水平龙干树形，其中"一"字形水平龙干树形株行距（4.0~8.0）m×（2.0~2.5）m（龙干顺行向延伸）或（2.0~2.5）m×（4.0~8.0）m（主蔓垂直行向延伸），单穴双株定植，如考虑机械化作业建议采取株行距（2.0~2.5）m×（4.0~8.0）m 的定植模式定植；"H"形水平龙干树形株行距（4.0~8.0）m×（4.0~5.0）m（龙干顺行向延伸）。

4. 树体骨架结构

（1）冬季需下架防寒栽培模式　主干基部具"鸭脖弯"结构，利于冬季下架越冬防寒和春季上架绑缚，防止主干折断；主干垂直高度 180cm（配合水平叶幕）或 100cm 左右（配合"V"形叶幕），沿与行向垂直或顺方向水平延伸；龙干与主干呈 120°夹角，便于龙干越冬防寒时上下架；结果枝组在龙干上均匀分布，枝组间距因品种而异，可短梢修剪的品种同侧枝组间距 10~20cm，需中短梢混合修剪的品种同侧枝组间距 30~40cm，需长短梢混合修剪的品种同侧枝组间距 60~100cm。"鸭脖弯"结构的具体参数：主干基部长 10~15cm 部分垂直地面；于距地面 10~15cm 处呈 90°沿水平面弯曲，此段长 20~30cm；于水平弯曲 20~30cm 长度处呈 90°沿垂直面弯曲并倾斜上架，倾斜程度以与垂线呈 30°为宜。

（2）冬季不需下架防寒栽培模式　主干直立，垂直高度 180cm（配合水平叶幕）或 100cm 左右（配合"V"形叶幕）；龙干（主蔓）顺行向或垂直行向水平延伸；结果枝组在主蔓上均匀分布，枝组间距因品种而异，可短梢修剪的品种同侧枝组间距 10~20cm，需中短梢混合修剪的品种同侧枝组间距 30~40cm，需长短梢混合修剪的品种同侧枝组间距 60~100cm。

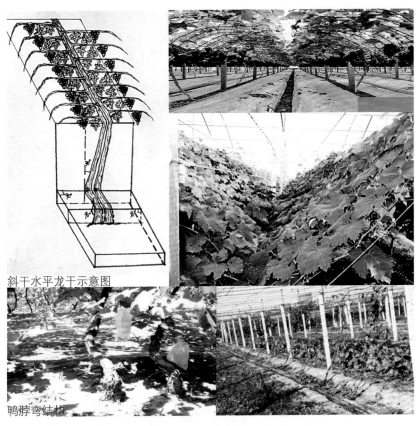

斜干水平龙干示意图

鸭脖弯结构

斜干水平龙干形配合水平／"V"形叶幕示意图及实景图

5．叶幕结构

经中国农业科学院果树研究所浆果类果树栽培与生理科研团队多年研究发现，在夏秋季为主要生长季节的栽培模式中，"V"形叶幕和水平叶幕两种叶幕形，从光能利用率、果实产量、果实品质和果实成熟期等方面综合考虑，以水平叶幕效果最佳、"V"形叶幕次之。

（1）水平叶幕　新梢与龙干（主蔓）垂直，在龙干（主蔓）两侧水平绑缚呈水平叶幕，生长后期新梢下垂；新梢间距 10~20cm（西北光照强烈地区新梢间距以 12cm 左右为宜、东北和华北等光照良好地区新梢间距以 15cm 左右为宜、南方光照较差地区新梢间距以 20cm 左右为宜）；新梢长度 120cm 以上；新梢负载量每亩 3 500 条左右，每新梢 20~30 片叶。

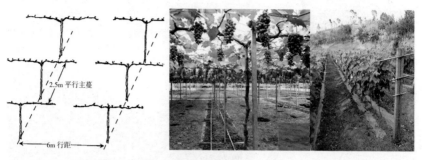

"一"字形水平龙干树形配合水平／"V"形叶幕结构示意图及实景图

（2）"V"形叶幕　适于简易避雨栽培模式。新梢与龙干（主蔓）垂直，在龙干（主蔓）两侧倾斜绑缚呈"V"形叶幕，新梢间距 10~20cm（西北光照强烈地区新梢间距以 12cm 左右为宜、东北和华北等光照良好地区新梢间距以 15cm 左右为宜、南方光照较差地区新梢间距以 20cm 左右为宜）；长度 120cm 以上；新梢留量每亩 3500 条左右，每新梢 20~30 片叶。

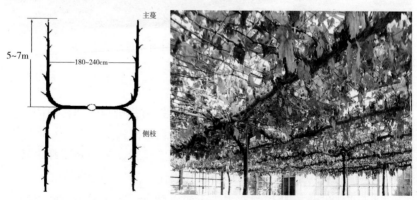

"H"形水平龙干树形配合水平叶幕结构示意图及实景图

6. 整形过程

（1）斜干水平龙干形　适用于春促早、延迟和避雨及露地栽培模式中冬季需下架防寒的情况。

①定植当年：萌芽后每株选留1个生长健壮的新梢作主蔓，将其引缚到架面上，于8月上旬第1次摘心，顶端1个副梢留5~6片叶反复摘心，其余副梢留1叶绝后摘心。冬剪时，主蔓剪截到成熟节位，一般剪口粗度0.8cm以上。

②第2年：萌芽前，将主干垂直行向向前（与地面近平行）和沿行向倾斜（与垂线夹角为30°左右）绑缚，形成"鸭脖弯"结构。萌芽后，每条主蔓选一个健壮新梢作延长梢继续培养为主蔓，沿与行向垂直方向水平延伸，当其爬满架后或8月上旬摘心，控制其延伸生长，对于长势强旺的品种如夏黑、巨峰和意大利等，可利用夏芽副梢培养为结果母枝，加快成形，一般留6叶摘心；其余新梢水平绑缚结果，其上副梢留1叶绝后摘心。冬剪时，主蔓延长枝剪截到成熟节位，一般剪口粗度0.8cm以上；对于利用副梢培养结果母枝的品种，主蔓上的副梢留1饱满芽剪截；主干上结果母枝全部疏除，主蔓上的结果母枝按同侧10~30cm间距剪留，对保留结果母枝根据品种成花特性进行短截。

③第3年：春萌芽前，将主干按"鸭脖弯"结构上架绑缚；萌芽后，抹除多余新梢，使新梢同侧间距保持在15~30cm为宜，所留新梢采取两次或一次成梢技术。如主蔓未爬满架，仍继续选健壮新梢作延长梢，当其爬满架后摘心，控制其延伸生长，整形修剪同第2年。冬剪时，主干上所有结果母枝或枝组均疏除，作为通风带；主蔓根据品种成花特性同侧每隔10~30cm选留一个枝组或结果母枝，根据品种成花特性进行短截。若采取双枝更新，则按照中/长短梢混合修剪手法进行，即上部枝梢进行中/长梢修剪作为结果母枝，基部枝梢进行短梢修剪作为更新枝；若采取单枝更新，则结果母枝一般剪留1~2个芽。以后各年主要进行枝组的培养和更新。

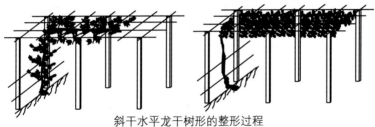

斜干水平龙干树形的整形过程

（2）"一"字形（或"T"形）　适用于春促早、延迟和避雨及露地栽培模式中冬季不需下架防寒的情况。

①定植当年：萌芽后每株选留1个生长健壮的新梢引缚到架面上，待新梢长至超过主干高度10cm时于主干高度处摘心；待顶端副梢萌发后，选留2个健壮副梢培养为主蔓，待选留副梢长至50cm时将其沿行向/垂直行向方向弯曲让其水平延伸生长，因地制宜于8月上旬至10月上旬或长至相邻植株重叠处进行摘心，随后顶端副梢留5~6片叶反复摘心，其余副梢留1叶绝后摘心。对于长势强旺的品种如夏黑、巨峰和意大利等可利用夏芽副梢培养为结果母枝，加快成形，一般留6叶摘心。冬剪时，主蔓剪截到成熟节位，一般剪口粗度0.8cm以上。

②第2年：萌芽后，每条主蔓选一个健壮新梢作延长梢继续培养为主蔓，当其爬满架后或因地制宜于8月上旬至10月上旬摘心，控制其延伸生长；为加快成形，萌发副梢均留6叶摘心培养为结果母枝。其余新梢水平绑缚结果，其上副梢留1叶绝后摘心。冬剪时，主蔓延长枝剪截到成熟节位，一般剪口粗度0.8cm以上；对于利用副梢培养结果母枝的品种，主蔓上的副梢留1饱满芽剪截；主干上所有结果母枝或枝组均疏除，作为通风带；主蔓根据品种成花特性同侧每隔10~30cm选留一个枝组或结果母枝，根据品种成花特性进行短截。

③第3年：萌芽后，主干上所有新梢均抹除，同时抹除主蔓上的多余新梢，使主蔓上新梢同侧间距保持在15~30cm为宜，所留新梢采取两次或一次成梢技术。如主蔓未爬满架，仍继续选健壮新梢作延长梢，当其爬满架后摘心，控制其延伸生长，整形修剪同第2年。冬剪同第2年，若采取双枝更新，则按照中/长短梢混合修剪手法进行，即上部枝梢进行中/长梢修剪作为结果母枝，基部枝梢进行短梢修剪作为更新枝；若采取单枝更新，则结果母枝一般剪留1~2个芽。以后各年主要进行枝组的培养和更新。

（3）"H"形　适用于春促早、延迟和避雨栽培模式中冬季不需下架防寒的情况。

①定植当年：萌芽后每株选留1个生长健壮的新梢引缚到架面上，待新梢长至超过直立主干高度10cm时于直立主干高度处摘

心；待顶端副梢萌发后，选留2个健壮副梢培养为水平主干，待选留副梢长至50cm时将其水平弯曲，待其长至100~120cm时将其摘心，逼发副梢培养为主蔓，待顶端副梢萌发后，选留2个健壮副梢培养为主蔓；对于培养为主蔓的新梢因地制宜于8月上旬至10月上旬或长至相邻植株重叠处进行摘心，随后顶端副梢留5~6片叶反复摘心，其余副梢留1叶绝后摘心。对于长势强旺的品种如夏黑、巨峰和意大利等可利用夏芽副梢培养为结果母枝，加快成形，一般留6叶摘心。冬剪时，主蔓剪截到成熟节位，一般剪口粗度0.8cm以上。

②第2年：萌芽后，每条主蔓选一个健壮新梢作延长梢继续培养为主蔓，当其爬满架后或因地制宜于8月上旬至10月上旬摘心，控制其延伸生长；为加快成形，萌发副梢均留6叶摘心培养为结果母枝。其余新梢水平绑缚结果，其上副梢留1叶绝后摘心。冬剪时，主蔓延长枝剪截到成熟节位，一般剪口粗度0.8cm以上；对于利用副梢培养结果母枝的品种，主蔓上的副梢留1饱满芽剪截；主干上所有结果母枝或枝组均疏除，作为通风带；主蔓根据品种成花特性同侧每隔10~30cm选留一个枝组或结果母枝，根据品种成花特性进行短截。

③第3年：萌芽后，主干上所有新梢均抹除，同时抹除主蔓上的多余新梢，使主蔓上新梢同侧间距保持在15~30cm为宜，所留新梢采取两次或一次成梢技术。如主蔓未爬满架，仍继续选健壮新梢作延长梢，当其爬满架后摘心，控制其延伸生长，整形修剪同第2年。冬剪同第2年，若采取双枝更新，则按照中/长短梢混合修剪手法进行，即上部枝梢进行中/长梢修剪作为结果母枝，基部枝梢进行短梢修剪作为更新枝；若采取单枝更新，则结果母枝一般剪留1~2个芽。以后各年主要进行枝组的培养和更新。

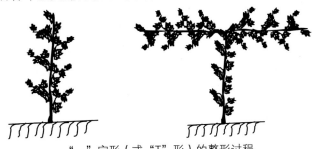

"一"字形（或"T"形）的整形过程

"H"形的整形过程

高光效省力化树形和叶幕形的选择与葡萄的栽培类型紧密相关，不同的葡萄栽培类型需选择不同的高光效省力化树形和叶幕形与之相适应。在设施葡萄冬促早和秋促早栽培中的首选是倾斜龙干树形配合"V"形叶幕，其次是高干倾斜/水平龙干树形配合水平叶幕（便于观光采摘）；春促早栽培和露地栽培中的首先是高干水平龙干树形配合水平叶幕，其次是低干水平龙干树形配合"V"形叶幕；单栋避雨棚中的首选是低干水平龙干树形配合"V"形叶幕或水平叶幕（高宽垂架式即T形架），连栋避雨棚中的避雨栽培首先是高干水平龙干树形配合水平叶幕，其次是低干水平龙干树形配合"V"形叶幕；延迟栽培中的首先是高干水平龙干树形配合水平叶幕，其次是低干水平龙干树形配合"V"形叶幕。

第二节　苹　果

20世纪70年代以前，我国苹果生产主要为大冠稀植栽培，采用的代表树形为自然圆头形和疏散分层形。80年代以后，最初采用的树形为小冠疏层形，随着种植密度不断加大，树形多采用自由纺锤形和细长纺锤形。90年代以后，矮密早果丰产技术理论应运而生，典型的修剪方法为"以放为主，疏放结合，一般不短截"；21世纪，密植果园由于严重郁闭、果品产量及质量急剧下降，诞生了"高光效"树形，间伐、提干、缩冠、落头等修剪措施开始在果园实施；目前矮砧宽行密植栽培成为我国苹果产业发展的方向，主干形、高纺锤形成为矮砧密植果园主推的树形。

一、小冠疏层形

（一）树形特点

这种树形是由疏散分层形改进和简化而来的，该树形整形容易，树体成形早、扩冠快，树体矮小，骨架分层着生，主枝较小，侧枝少而小型化，留枝多，修剪轻，通风透光好，早果丰产，生长结果均衡、稳定，管理操作容易。目前我国有相当一部分的苹果园采用小冠疏层形。适于中等栽植密度的乔砧普通型品种、乔砧短枝型品种和半矮化砧短枝型品种果园，适宜于丘陵山地等立地条件较差、土壤瘠薄的果园。

（二）树体结构

小冠疏层形干高60cm左右，树高2.5~3m，全树共5~6个主枝，分2~3层排列，第1层3个，第2层1~2个，第3层1个（或无），第3层以上开心。1、2层的层间距60~70cm，2、3层的层间距50~60cm，层内距10~20cm。或者全树分为2层，第1层3个主枝，第2层2个主枝，层间距80~100cm，层内距10~30cm。第1层3个主枝各配2个小型侧枝，第2层主枝不留侧枝，盛果期落头开心。各主枝角度70°~80°为宜，下层主枝角度大于上层，这种树形结构与过去的疏散分层形近似，但留枝量少，对主侧枝的处理、修剪程度及方式等，都与纺锤形相近。

小冠疏层形树体结构

（三）整形过程

第 1 年，春季萌芽前定干，干高 70~80cm，剪口下留 20~30cm 整形带，整形带内全部刻芽，萌芽后整形带下的芽全部抹除。夏季从抽生的新梢中，选出上部最旺枝作中心干延长头，将其下方新枝中选邻接方位好的 3 个枝留作主枝。8 月上旬至 9 月中旬，将选出的 3 个主枝并将其拉至 60° 左右，同时调整主枝的方向，使其均匀分布在中心干上，主枝夹角调整为 120° 左右。冬季修剪时，主枝剪留 60~80cm，中心干延长头剪留 80~90cm，其他枝暂留作辅养枝，缓放不剪，待以后再定去留。

第 2~3 年，继续培养第 1、2 层主枝，春季萌芽前将主枝上的饱满芽全部刻芽，促发短枝，也可用涂抽枝宝的方法使芽萌发。主枝上第 1 侧生分枝距中心干不少于 20cm，侧生分枝均匀分布在主枝两侧，并左右排开，主枝背上的直立旺枝如侧位有其他斜生枝则疏除，如侧位无枝，长度达到 30cm 左右时，要在夏剪时扭梢或拿枝。8 月上旬至 9 月中旬，将选留的第 1 层 3 个主枝开角至 70° 左右。冬季修剪时，在中心干上萌发的枝条中选方向适宜的 2 个枝条作第 2 层主枝，疏除第 1 层主枝延长枝的竞争枝，其他枝长放不剪，缓放作辅养枝，并开角至 80° ~ 90° 。主枝延长头继续在饱满芽处短截，剪留 50~60cm。从第 3 年夏季起，对第 1、2 层间的大辅养枝进行扭、拿或环割 (剥)，缓势促花。

小冠疏层形定植当年定干

选留基部三大主枝

培养第2层主枝

第4~5年，4年生时，若树冠仍不够大，株间还有多余的生长空间，主枝还可继续短截，扩大树冠。一般4~5年生，树冠可达到预期大小，高度达3m左右。这时1、2层主侧枝均已选够，可根据需要选第 3 层主枝。树冠够高度时，也可不选第 3 层主枝。从第 4 年开始，在第 1 层主枝上和中央干 1、2 层之间，采用长放的办法，冬、夏修剪相配合，培养结果枝组。

小冠疏层形树体结果状

盛果期后，在保证树体健壮生长的同时，层性和主从关系要明显，抑制上强下弱、下强上弱现象，注意调节营养生长与生殖生长的平衡。为保持中央干和各层主枝的生长优势和适当的方位角，冬夏修剪时要随时注意调整。原头过弱时，要用竞争枝换头；原头生长正常时，则要控制或疏除竞争枝。随着树体的扩张，后期易出现枝条交叉郁闭，通风透光不良，果实品质较差等现象，要注意树体结构的改造。对基部原有的三大主枝，根据其生长势情况进行"控强扶弱"，通过撑、拉、坠等方法拉开基角，疏除把门侧枝、串门枝、过密枝、过旺枝、直立枝等干扰树体结构的大枝，尽可能利用强旺枝培养新的单轴枝组，将保留的各侧生分枝和单轴枝组拉至水平状态，以缓势成花。三大主枝头不再短截，保持单头延伸。

小冠疏层形往往因基部三大主枝生长过大、辅养枝过多等原因，易造成树势下强上弱，修剪时要注意控下促上，控制较大主枝的长势，基部主枝以上所选留的主枝应保持单轴延伸，将角度拉至90°。当树体高度达到3~3.5m，要及时落头开心，增大树体采光量，合理选留上部主枝，及时处理辅养枝。

盛果期改造后的小冠疏层形树体

二、自由纺锤形

（一）树形特点

自由纺锤形属典型的小冠树形，是目前我国苹果生产中最广泛使用的一种树形，具有成形快、培养过程简单、生产管理方便、结果早、果实品质好、产量高等优点，但是在乔砧密植条件下，由于整形方法不当，容易造成基部小主枝过于粗大，中心干长势偏弱，长枝多，中短枝少，中心干中上部小主枝数量少，长势偏弱，整个树冠易形成下强上弱，不易实现快成形，早结果，属中小冠树形，适于矮砧——普通型品种、半矮砧——普通型品种和生长势强的短枝型品种。

（二）树体结构

干高50~60cm，树高2.5~3.0m。中心干上螺旋式分布10~15个主枝，主枝上稀（20~25cm间距）、下密（15~20cm间距），上短（1.0~1.2m）、下长（1.5m左右）。主枝与中心干夹角保持

80°～90°。主枝上直接着生结果枝组，没有侧枝。主枝粗度不能超过着生处中心干粗度的 1/3，成形的自由纺锤形树体，全树有 60~80 个中、小型结果枝组，中型枝组不超过 20~25 个。

自由纺锤形树体结构

（三）整形过程

第 1 年：新栽苹果幼苗于春季萌芽前定干，在苗木 70~80cm 饱满芽处定干，抹除剪口下 2~4 芽，并套塑膜袋保证发芽整齐。发芽后抹除距地面 50cm 以内的全部萌芽，保留叶片，以保证整形带内的枝条健壮生长。在生长季长出的新枝中选位置好、生长势强的枝预留为中央领导干，其余枝拉至 80°～90°，疏除竞争枝。

定植当年定干和套袋

第2年：对中央领导干，长势较弱者于30~50cm处重剪，长势较旺、无秋梢、顶芽饱满者可长放不剪。选留的主枝拉平，务必使基角开张，并长放不剪或轻去头，过强或基角过小的要早疏除；疏除拉平枝后部靠近主干20~30cm以内的直立旺枝和徒长枝，延长头前部的直立枝可重短截，三头枝可疏除竞争枝，但尽量减轻冬剪量，以缓和长势，促生短枝。

第3年：在中央领导干上每隔约20cm刻1个芽，使其抽生主枝，并均匀分布、插空排列、螺旋上升，避免上下重叠。拉平的主枝顶端不剪或轻短截，有秋梢的剪去秋梢部分，无秋梢、顶芽饱满的长放不剪，以促生分枝，扩大树冠。8月上旬至9月中旬，1~2年生枝，拉至80°～90°，同时注意调整其方位角。对主干上多余的枝条，过密者疏除，其余的按临时枝处理，全部拉成下垂状，保证当年形成花芽，下年结果，待结果后视其密挤程度逐年疏除。

抹除顶部2~4芽和基部距地面50cm内芽体

将选留主枝角度拉到80°～90°

中央领导干刻芽及抽生分枝情况

第4~5年：第4年对中央领导干和主枝的处理方法同前，以后每年在中心干上培养2~4个小主枝，冬剪时依据生长势强弱决定长放或短截，并要拉平主枝。树体成形后，树高3.5m左右，最高不超过4m，主枝数量10~15个。对于拉平的主枝背上生长的直立枝梢，宜采用转枝、扭梢等方法控制，尽量避免冬剪时疏除过多，彻底疏除重叠枝、对生枝、交叉枝、病虫枝。需要封顶时，将中央领导干拉斜或拉平，并随时疏除直立冒条即可。

自由纺锤形第4年和第5年结果状

自由纺锤形盛果期大树结果状和冬态

盛果期后，要搞好从属关系，中干直立，侧枝水平，严格调整中干长势，中干弱的要短截促发壮条，恢复长势，中干过强的要疏除下部的侧生旺枝，缓放不截，控制上强。对中下部培养出的主枝，注意培养枝组，稳定结果，并逐年向外延伸。对占领空间过大，枝轴过粗的强旺枝组，要控制体积，适当回缩；过密的枝组，选留好的，定位定向，余者疏除；过弱的枝组，及时更新复壮。整个修剪过程中不短截或轻打头，多疏剪；尽量减轻冬季修剪量，多用夏季修剪调节；大量结果后对结果枝组要适时回缩更新，交替结果，并注意疏花疏果，合理负载，保证果品质量。

三、高纺锤形

（一）树形特点

高纺锤形是世界苹果生产先进国家普遍采用的树形，整个树呈高细纺锤形状态，立体结果能力强，侧生结果枝组沿中心干螺旋形分布，无永久性主枝存在，光照充分，光能利用率高，树冠内膛光照条件极好；中心干上直接留结果枝，树冠内外膛果个大小整齐、果实品质一致，优质果率极高。一般建议株行距为（1.0~1.5）m×（3.5~4.5）m，每亩80~160株。

（二）树体结构

树高3.5~4.0m，主干高0.8~0.9m；中央领导干上着生30~50个螺旋排列的侧生结果枝组，侧生分枝平均长度为1m，与中央干的平均夹角为115°，树冠下部的侧生分枝长1.2m，与中央干的夹角为100°~110°；树冠中部的侧生分枝长1.0m，与中央干的夹角为110°~120°；树冠上部的侧生分枝长0.8m，与中央干的夹角为120°~130°。侧生分枝与其着生部位中心干的粗度之比为1：（5~7）。

高纺锤形树体结构

（三）整形过程

第1年，如果采用1~2年生的苗木，定植后于萌芽前在饱满芽处定干，然后用木杆或竹竿扶正苗木使其顺直生长；如果选用3年生大苗，定植时尽可能少修剪，不定干或轻打头，仅去除直径超过主干干径1/3的大侧枝和长度超过50cm的枝条，同样要用木杆或竹竿扶正苗木使其顺直生长，定干后在距地面80cm处往上每隔2~3芽刻1个芽，苗干从地面到80cm之间萌蘖全部疏除，侧枝长度20~30cm时用牙签开张角度，角度90°，8月下旬至9月初把长度超过50cm角度不开张的侧生分枝拉到110°。冬剪时疏除中央干上所发出的强壮新梢，疏除时留1cm的斜短桩，使下部轮痕芽促发弱枝；保留长度30cm以内的弱枝。

高纺锤形树体定植和第1年夏、秋季树体结构

第2年，春季萌芽前在中心干分枝不足处进行刻芽或涂抹药剂（抽枝宝或发枝素）促发分枝，留橛疏除因第1年控制不当形成的过粗（粗度大于1/3分枝处干径）分枝，其余枝条开张角度进行缓放。苗干从地面到80cm之间再次发出的萌蘖要疏除，同侧上下间距小于20cm新枝条疏除，中心干上不留果，将花序全部疏除，保留果台，侧生分枝根据强弱可适当保留1~2个果。

高纺锤形树体第2年开花和结果状

第3年，春季和夏季修剪与第2年相同，要强调拉枝角度，枝条角度按树冠不同部位的要求进行拉枝。冬季修剪时，疏除主干上当年

发出的强壮新梢,疏除时留1cm的斜剪口,保留中心干上当年发出的长度在50cm以内的侧生分枝;同侧位分枝上下保持25cm的间距。

高纺锤形树体第3年萌芽和结果状

第4~5年,树高可达到3.5m以上。分枝25~30个,整形基本完成。果树进入初果期,春季开花株要进行疏花和疏果,根据干截面积控制负载量,冬季修剪时,保留中心干发出的小侧生分枝,同侧位分枝上下保持25cm的间距。结果后及时回缩结果枝,使结果部位始终靠近主干。

高纺锤形树体第4年结果状

盛果期后,随着树龄的增长,去除中央干着生的过长的大枝,对树冠下部长度超过1.2m,中部超过1m,上部超过0.8m的侧生分枝要疏除,粗度超过3cm,直径超过着生处主干1/3的一定要及时疏除。对中心干的夹角大于100°的枝条要进行拉枝调整,5~6年生的侧生分枝要逐年轮换,及时疏除中心干上过多的枝条,并回缩侧生分枝上生长下垂的结果枝。更新复壮结果枝,使得结果枝4~5年轮换

1次；为了保证枝条更新，去除中心干中下部大枝时应留1cm斜短桩，促发预备弱枝，去除上部枝不要留桩，防止发出过旺枝。

高纺锤形盛果期树体开花状和冬态

第三节　梨

梨树在人工栽培的初期，树体不进行整形，树形为自然圆头形。之后历经了疏散分层形、高干开心形、纺锤形和圆柱形几个时期。目前应用最多的是小冠疏层形、单层高干开心形和纺锤形。南方梨产区则以棚架为主，棚架树形的类型按主干的高低可分为高干、中干和低干型，按主枝多少可分为四主枝、三主枝和两主枝型。目前生产采用的主要是三主枝中干型。目前新推出的"双臂顺行"棚架栽培新模式，高主干、两主枝，主枝上直接着生结果枝，推动了棚架梨树简化树形的发展。

一、圆柱形

（一）树形特点

圆柱形是国外梨树密植常用树形，也是我国梨密植栽培中推广的主要树形之一。瘦长小冠树形，解决了传统树体高大导致的整形修剪、花果管理、果园喷药等田间操作困难，实现了省工省力和降低劳动成本；宽行密株栽植方式，解决了生产上果园的郁闭问题，具有早果丰产，树体结构简单，修剪技术容易掌握，利于果园机械化作业，投入周期变短，见效更快等优点。

（二）树体结构

树高 3~3.5m，中心干直立，从地面 50~60cm 向上各个方位着生自由排列的 20~25 个结果枝组，分枝间距 15~20cm，同侧分枝间距 40~60cm，均为单轴枝，分枝长度 1m 左右，从下至上枝长粗度逐渐变小，单株呈松塔形，结果枝组不固定，随时可疏除较粗（通常超过所在处中心干粗度的 1/4，或直径超过 2.5cm）的结果枝组，利用更新枝培养新的结果枝组。

圆柱形梨树体结构

（三）整形过程

苗木应尽量采用矮化砧做基砧或中间砧，不仅能早结果，而且能改变树体营养分配，抑制枝干增粗和减弱离心生长势等。如使用乔砧，则品种应选择生长势较弱、容易成花的品种，如黄金、丰水和雪青等。为获得早期丰产，应选用枝干粗大、芽饱满的优质大苗，也可采用大砧建园，坐地嫁接培养优质苗木。

定植当年的修剪：定植时，可在预定树高的一半处定干，如树高 3m，则定干高度为 1.5m，不要急于将中心干长放到预定的高度，以防树体终身上强，影响树冠下部果实的产量和品质。为促使中心干上多发枝，可采用萌芽前刻芽或涂抹发枝素的方法。刻芽时距离地面 60cm 以内不刻，枝条上端 30cm 不刻，其余芽全刻。萌芽后，为开张新梢角度，维持中心干的绝对优势，可对中心干二芽枝（竞争枝）和强壮直立的三芽枝进行抹除，或在冬剪时对竞争枝及直立枝实行疏除，以平衡树势。中心干上其他角度直立的新梢，可以在其长到15~30cm时用牙签开角，使之与中心干呈60°~70°夹角。

圆柱形梨树大苗建园和大砧坐地苗建园

圆柱形梨树定干、刻芽及刻芽后形成分枝状

圆柱形梨树保持适宜枝干比，侧生分枝单轴延伸状

定植第 2 年及以后的修剪：每年冬季修剪对中心干延长头留 40~60cm 短截，直至长到预定高度时，对延长头重截，采用单枝更新或双枝更新的方法固定干高。中心干上结果枝组单轴延伸，主要由中庸枝甩放形成，在缺枝的条件下强枝和弱枝也可利用，但强枝需重截或中截（剪口留对生平芽），弱枝需轻截（剪口留上芽）。要保证适宜的枝干比，侧生分枝与着生主干处的粗度比为 1：（4~6），由于圆柱形的树冠小，生长两三年后，枝组即无发展空间，此时也采取延长枝基部留明显的芽进行重截，实行单枝更新或双枝更新，固定枝组位置。在枝量、花量充足的情况下，可随时去大枝、留小枝，防止枝组过大、过粗，勿使枝组基部粗度超过中心干的 1/3。疏枝时注意留橛，以利重新发枝。另外，树冠下部的结果枝组由于后期光照较差，更新不易，可在原有枝组的基础上留 1/3~1/2 长度的枝轴进行回缩，有利于枝组的更新复壮。

以果压冠是密植栽培控冠的最主要方法，可通过拉枝、刻芽、肥水调控（膜下滴灌，控制肥水供应）等方法促进花芽的形成，提早结果。还可以通过根系修剪、主干环割、施用生长调节剂等方法抑制营养生长，调节树体营养分配，达到控制树冠的目的。

圆柱形梨树以果压冠

二、纺锤形

（一）树形特点

纺锤形是梨密植栽培中广泛应用的树形，具有树冠小、成形快、骨干枝级次少、修剪量轻、易丰产、空间利用率高、通风透光良好、果品质量高、技术较简单易于掌握的特点。纺锤形修剪以疏、缩为主，轻剪、长放、多拉枝，充分利用空间排列枝条，达到早果丰产目的。

梨纺锤形树体结构

（二）树体结构

树高不超过 3m，干高 80cm 左右。在中心干上着生 10~12 个大型枝组，从主干往上螺旋式排列，间隔 20~30cm，插空错落着生，均匀伸向四面八方，同侧重叠的大型枝组间距 80~100cm，与主干的夹角 70°~ 80°，在其上直接着生中小结果枝组，大型枝组的粗度小于着生部位中心干的 1/2，中小结果枝组的粗度不超过大型枝组粗度的 1/3。修剪以缓放、拉枝、回缩为主，很少用短截。

（三）整形过程

第 1 年，在离地面 70~80cm 饱满芽处进行定干。并在定植当年要保留所发枝、叶，养树养根，促进枝梢生长。5月当新梢长至20~30cm半木质化时，轻、慢捋（拿）嫩梢，用牙签把嫩梢基部角度撑开80°~90°。夏季7—8月，除中心枝外，对其余所发枝一律拉枝至80°~90°，开张角度，缓势促进芽体饱满，为发枝、成花做准备。冬季选留直立强旺枝培养为中心干，剪去枝梢长的1/3，抹除剪口下第2、3芽。疏剪去距地面50cm以下的枝。为了保证中心枝的粗壮，拉开枝干比，对较粗壮枝留桩或打马耳，让其重新发枝。

梨纺锤形第1年定干和牙签撑枝开角

第2年，春季发芽前7天，在中心干上按照20cm的间距在芽上方0.5cm处进行刻芽目伤，深达木质部，长度为枝条周长的1/3，以促发长枝，培养主枝。对保留的弱主枝离开树干20cm刻两侧芽，促梢，成中短枝，成花。6月用牙签撑嫩枝梢，7—8月拉枝开角，缓势促短枝、促花。冬季修剪，对中心枝留60~80cm中短截，扣去剪口下第2、3芽，防止出现竞争枝。离地面60cm开始，20cm的距离螺旋上升选留主枝4~6个，根据空间大小，对主枝剪去先端5~10cm，进行打梢修剪，促发小分枝，培养小结果枝组。剪除树干上距地面40cm以下的枝及病虫枝、过密枝。为拉开中心干的枝干比，中心枝上部的粗壮枝、竞争枝进行留桩或打马耳，让其重新发枝。其余枝长放、拉枝促花、结果。

第3年，继续对中心干延长枝顶端30cm以下，按20cm的间距在芽上方0.5cm处进行刻芽目伤，进行刻芽促分枝。及早抹除树干上距地面 50cm 以下的萌芽，主枝、辅养枝背上的萌芽，促进两侧枝芽的生长，促生中短枝，增加枝量，为第 4 年的早期丰产打下基础。6 月用牙签撑嫩枝梢，7—8 月拉枝开角，对没有停止生长的新梢摘心，缓势促短枝、促花。到第 3 年底，树高已经达到 2.5m 以上，纺锤形树形已经成形，培养出 7~10 个主枝和 10~15 个结果枝组，进入初盛果期。

梨纺锤形第 2 年抹除竞争芽、刻芽和选留主枝

梨纺锤形第 3 年刻芽分枝状和开花状

第 4 年及以后，进入初盛果期，采取冬夏修剪结合，以夏剪为主的整形修剪原则，夏季修剪时及早抹除树干上距地面 50cm 以下的萌芽、主枝、辅养枝背上的直立萌芽，剪锯口处的萌芽。5—8 月，除中心枝和主枝上所有枝角度小的，一律软化、拉枝至 70°~80°，开张角度。冬季修剪时，以疏为主，轻剪、长放，充分利用空间排列枝

条，采取抑强扶弱，调整好中心枝、主枝的主次关系，上小下大，保持树势平衡，稳定树势、枝势，培养健壮结果枝组。对中心枝进行缓放，最终控制树高在 3.0m 左右。

梨纺锤形盛果期梨树开花结果状

三、小冠疏层形

（一）树形特点

小冠疏散分层形是对主干疏层形的改良和简化，适合低密度果园。其优点是树冠矮小，结构简化，整形自然，修剪量少，成形快，易于成形，通风透光良好，骨架牢固，产量高，寿命长，透光性好。其缺点是前几年修剪量较重，稍晚投产和丰产，树有效的结果体积较小，盛果期后由于整形不够合理以及果农群众修剪措施不当，会导致枝类分布不合理、树冠郁闭、光照恶化、通风不良，外强内弱，结果部位外移，产量降低、品质不佳等现状。

（二）树体结构

初期树高 3.2~3.5m，中期落头后 2.5~3.0m，干高 50~60cm。前期按疏散分层延迟开心形整形和培养骨干枝。前期全树主枝 7 个，第 1 层 3 个，第 2 层 2 个，第 3 层 2 个，各层主枝错落着生，不可重叠。从中期起，为了降低树高，改善光照，锯除上层，只留1、2层主枝。层间距第1层至第2层100~120cm，第2层至第3层80~90cm。第1层每主枝配侧枝2个，第2、3层不配侧枝，只配枝组。中心干上不配辅养枝，只配枝组。主枝角度，第1层70°~80°，第2层55°~65°。

梨小冠疏层形树体结构

（三）整形过程

定植后，选饱满芽，在70~80cm处定干，梨苗定干后一般只发2~3个枝，很少发4个枝。当定干后只发生2个枝，第2枝分枝角度较大时，用第1枝作中干剪留40cm左右。第2枝剪留30cm，并注意剪口下第1芽留背后芽，第2芽留在略偏背下的位置上，以利萌发后侧枝。定干后两个新生枝夹角较小时，第1枝剪留40cm，第2枝重短截并里芽外蹬，下一年再去直留斜重新培养第1主枝。定干后剪口下萌发两个枝，第2枝生长很短时，第1枝作中干延长枝，剪留30cm。第2枝在枝前刻伤，甩放下剪。利用伤口，促其顶萌发壮枝，下一年再重新培养。

定植第2年，中干延长枝仍剪留30~40cm，以利促生分枝，培养第2或第3主枝。主枝延长头也应剪留30~40cm，将剪口下第3芽留在第1侧枝的对面略偏背下的位置上，并在芽前刻伤，促其生长，培养第2侧枝。

第3年，在中心干上距第3主枝80cm处选出第4、5主枝，在距第5主枝60cm处选第6主枝，其方位最好选在南部。

梨小冠疏层形第 1 年定干和主枝培养

梨小冠疏层形第 3 年树体生长状

　　第 4 年及以后，对中央干和主枝延长枝进行轻度短截。主枝用撑、拉、坠等方法开张角度，基角 50°，腰角 70° 左右。梨树极性强，容易造成上强下弱，应在上部适当疏枝，少短截，多结果，以果缓势，下部主枝上的 1 年生枝，适当增加短截数量，以增强下部枝势。幼树整形期间各主枝的延长枝进行中度短截，以扩大树冠。大枝组整体上形成单轴延伸状态，在空间允许条件下枝头保持连年健壮单延，否则可回缩另选新枝头。新枝头仍应保持单轴延伸趋势，冬季修剪应以更新和复壮小枝组为重点，而对主枝和大中型枝组没必要再做调整，切忌随意回缩、枝头拐弯。冬剪的重点是小型枝组的培养和轮替更新，小型结果枝组在正常情况下 3 年更新 1 次，以缓放和缩剪为主。

梨小冠疏层形初果期和盛果期开花状

四、棚架形

（一）树形特点

梨棚架形为日本梨树栽培的主要树形，没有中心干，枝条绑缚在水平网架上生长结果，具有防风作用。梨棚架较常规立式栽培，其枝条分布均匀，树体受光条件好，梨果品质一致，果形大、整齐度高、外观好、品质优；枝条定位着生便于标准化管理和实行部分的机械化作业；枝梢生长充实、容易成花，便于修剪；梨园通风好，病虫害发生轻，有利于无公害梨果生产及生态果园发展；架式造形独特，平面或定向结果，架下空间大，有利于观光果业以及立体种养。

（二）树体结构

目前生产采用的主要是三主枝中干形。三主枝棚架树形主干高 0.8~1.0m（近年来为便于机械化操作，主干可提高到 1.3m 左右），均匀分布 3 个主枝，主枝间水平方位角呈 120°，主枝与主干之间呈 45°角度向架面延伸。每个主枝分别留有 2~3 个侧枝。第 1 侧枝距主干 100cm，两个主枝的侧枝间距 180~200cm，主枝及侧枝上均匀配备结果枝组，结果枝组之间的间距为 40~50cm。近年来随着省力化、轻简化栽培技术的推广应用，两主枝树形将成为今后我国棚架省力化树形的发展方向，例如"双臂顺行式"新型棚架树形等。

梨棚架形树体结构

（三）整形过程

第 1 年：苗木定植后，选饱满芽定干，定干高度 1~1.2m，剪口下至少有 4~5 个饱满芽，一般将剪口第 1 芽作为牺牲芽，在生长到 10cm 左右时将其疏除。用作主枝培养的新梢生长到 20cm 以上时，用牙签撑开基角，将其角度调整到 45°，随着枝梢的生长逐步用竹竿对枝梢先端进行抬高诱引。作主枝培养以外的新梢及时扭伤或拉平至水平状，控制其生长，辅养树体。冬季修剪时，用竹竿辅助主枝向平棚架面作 45° 诱引，主枝延长枝在健壮的侧芽处短截，疏除主干上的过旺枝，延长枝下垂的要用竹竿诱引保持先端向上抬高。

第 2 年：生长季节及时疏除主枝背上的徒长枝，继续用竹竿对主枝诱引，保持主枝先端的生长优势，其余枝条在不影响主枝生长的前提下尽可能保留，作为辅养枝利用。冬季修剪时对主枝先端竞争枝、背上枝及主干上长出的枝条全部疏除，主枝已上架的部分将其水平绑缚至架面上，主枝延长枝保持向上生长状。主枝上侧芽萌发的枝条作结果枝组培养，已形成腋花芽的长果枝绑缚于架面让其结果；未形成腋花芽的 1 年生枝呈 60° 甩放，待来年形成短果枝后再于冬季拉平绑缚至架面。

第3年：生长季节及时用竹竿对主枝延长枝进行抬高诱引，始终保持主枝延长枝呈向上生长状；及时抹除背上及剪口萌蘖枝，生长中庸的枝条适当保留，辅养树体。冬季修剪时将超过架面的主枝水平绑缚在平棚架面上，先端延长枝选饱满芽短截，保持向上生长状。疏除主枝上的背上枝及结果枝组上的分枝。形成短果枝的上年甩放枝，拉平绑缚于架面结果。生长较弱的侧位枝适当重截，促其抽生较长的新梢，"截—放"结合，培养结果枝组。

梨棚架式幼树整形

梨棚架式盛果期树结果状

第4年及以后：生长季节及时疏除上架后的背上旺枝、基部萌蘖枝，确保主枝延长枝的生长优势。冬季修剪时在距分枝点1m左右选留1~2个侧位枝条作为侧枝培养，保持其先端延长枝的生长势。侧枝上及时选留侧位枝用于结果枝组培养。至此三主枝棚架树形整形工作基本完成。

第四节　桃

桃树原产中国，栽培历史悠久，经验丰富，树形繁多。干旱光照强地区，常采用自然杯状形和直立多主枝开心形；多雨光照弱地区，常采用开张开心形、二、三、六主枝开心形。另外，生产上还有丛状形（无干自然形）、自然形、自然开心形、延迟开心形、变则主干形、规则棕榈叶形、不规则棕榈叶形、折叠式扇形、放射扇形、细长纺锤形和集约草地栽培树形等树形曾经使用或正在使用。目前，随着机械化生产的要求，主干形（又称松塔形）、高干"V"形、改良式高干"Y"形双主干树形等树形采用的面积正在迅速增加。

一、主干形

多年来，人们习惯认为桃树喜光，宜用各种开心形（两主枝、三主枝等），这些开心形内膛光照较好，结果质量较高，但易呈表面结果，结果部位较低，亩（1亩≈667m²）产多维持在2 000~3 000kg。这类树形定干较低，枝、叶、果多下垂贴地，因近地面湿度较大，易生病害（细菌性穿孔病等），并且为了前期骨架建设，实行重剪，影响早期产量，效益差，故近年开始采用主干形（垂直单干形）。

（一）主干形的优点

1. 适于密植

全树没有主、侧枝，只有各类枝组，着生在中央领导干上，冠径只有1.5~2.0m，可以采用密植栽培，行距2.5~4.0m，株距1.5~2.0m，亩栽111~200株。

2. 早期产量高

栽植当年，只要苗木带有少量花芽，也能结几个桃果，但形不成商品产量，一般不留果。据笔者在河北省遵化市兴旺寨乡调查，2年生燕特红（亩栽178~200株），亩产 2 500~4 500kg；3年生燕特红桃，亩产 5 000~5 100kg。

3. 经济效益好

由于密植桃园结果早而高产，因而收回投资快。但密植桃园采用主干形，亩用苗量大，施肥量高，各项建园投资远高于一般园。

4. 栽培周期短

过去传统栽培周期长达20~25年一茬，密植桃园12~15年一茬，这有利于品种更新换代。当根系衰老，中、下部枝条枯死、产量下降时，就要及时刨掉，另辟新园。

5. 树体结构简单，修剪容易，易于普及推广

（二）树体结构

干高 70~100cm，树高 2.6~3.0m，冠径 1.5~2.0m，中央领导干直立挺拔，粗壮有力，其上均匀分布 20~30 个枝组，下大上小，开张角度 100°~120°，树冠上尖下宽，呈圆柱形或松塔形。

（三）整形方法

1. 定干

弱苗定干高度 60~80cm，壮苗定干高度 80~100cm，定干后剪口涂伤口愈合剂或猪肥肉加以保护。

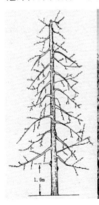

桃主干形树体结构

2. 夏剪

萌芽后随时抹除苗干上距地面 50cm 内的萌芽，并在苗干旁插一个竿，将苗干绑到竹竿上，随新梢长到 30cm 左右时，将其绑到竹竿上，防止风劈。当新梢长到 20~30cm 长时，剪除双芽枝，三芽枝，留下其中位置合适、长势好的一个新梢。对延长梢下的 1~2 个竞争梢要进行摘心。8－9 月，对长果枝进行拿枝软化，角度达 100°多，并疏剪密生枝、背上直立枝、过旺枝。

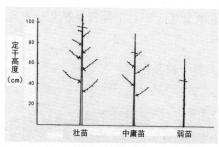

桃树栽后定干

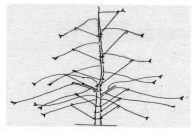

桃树栽后抹芽与绑缚

长果枝拿枝软化

桃树秋季拉枝状（钢丝拉枝器）

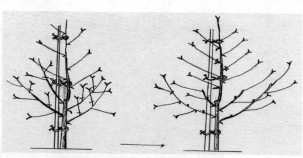

桃树秋季疏除密枝、交叉枝，改善光照

3. 冬剪

冬季落叶后至翌年3月进行整形修剪。2年生树剪前在中央领导干上，有侧生枝20个左右，中央领导干延长梢任其垂直向上，不要短截，对其下的竞争枝要疏除1~2个枝。剪后，侧生枝（长果枝）剩下10~15个就够用了。3年生树剪后留20个侧生枝（长果枝）；4年生树留20~25个侧生枝（长果枝）。

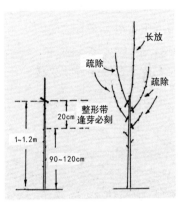

主干形定干与第1年冬剪

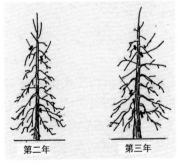

第二年　　　　　第三年

主干形栽后第二、三年冬剪

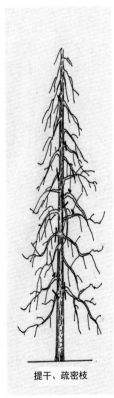

提干、疏密枝

主干形盛果期树冬剪

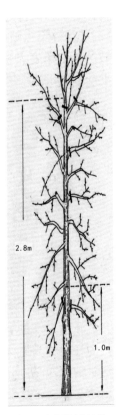

主干形成龄树冬剪

二、两主枝自然开心形（又称"Y"形或高干"V"形）

该树形适于露地和设施栽培。露地栽培时，一般行距 4~5m、株距 2m 左右；设施栽培时，一般行距 2m、株距 1m。

（一）树体结构

露地栽培时，树高 2.5~3.5m，干高 0.4~0.6m；设施栽培时，随棚室高度变化，树高 0.8~2.0m，干高 0.2~0.4m。全树只有两个大主枝，分别伸向行间、两主枝的角度均为 45°。露地栽培时，在距地面 1m 处培养第 1 侧枝，距第 1 侧枝对面 40~60cm 处培养第 2 侧枝，侧枝的开张角度为 50°，侧枝与主枝的夹角保持 60° 左右。在主、侧枝上配置枝组和结果枝。设施栽培时，两大主枝上直接配置结果枝。

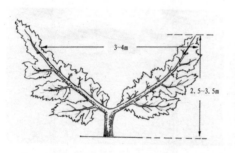

两主枝自然开心形树体结构（露地）

（二）整形方法

壮苗定干高度 80~100cm，在剪口下 30cm 范围内，选留两个对侧的枝条作为主枝，分别伸向行间。露地栽培时，第 1 年冬剪时，主枝头剪留 50~60cm，第 2 年选出第 1 侧枝，第 3 年在第 1 侧枝对面选出第 2 侧枝，其余枝条，特别是长果枝，尽可能培养成枝组，不必短截，栽后第 4 年可基本完成整形任务。设施栽培时，苗木定干后，通过摘心等措施，促发分枝；待分枝长至 20~30cm 时，疏除过密枝。冬剪时，通过疏枝，使每主枝保留 10~15 个结果枝。

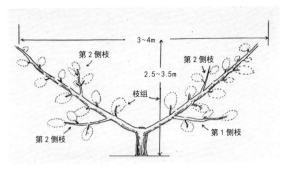

两主枝自然开心形 4 年完成整形（露地）

三、三主枝自然开心形

该树形是多年来露地栽培桃树的常用树形，具有骨架牢固，易于整形、通风透光、丰产稳产等特点。

（一）树体结构

树高 2.5~3.0m，干高 0.5~0.7m，3 个呈弯曲延伸的主枝，其中第 1 主枝距第 2 主枝 15cm，第 2 主枝距第 3 主枝 15cm。第 1 主枝开张角度 60°~70°，方向朝北；第 2 主枝开张角度 50°~60°，方向朝西南；第 3 主枝开张角度 40°~50°，方向朝东南。每个主枝上配置两个侧枝，左右排列，各主枝上侧枝顺序排列；其中第 1 主枝上，第 1 侧枝距主干 60~70cm，第 2 侧枝距第 1 侧枝 40~50cm；第 2 主枝上，第 1 侧枝距主干 50~60cm，第 2 侧枝距第 1 侧枝 40~50cm；第 3 主枝上，第 1 侧枝距主干 40~50cm，第 2 侧枝距第 1 侧枝 40~50cm。侧枝以背斜侧为好，其角度比主枝大 10°~15°，侧枝与主枝间的夹角在 70° 左右。

桃树三主枝自然开心形树体结构

（二）整形方法

栽后第 4 年基本成形，详见下图。

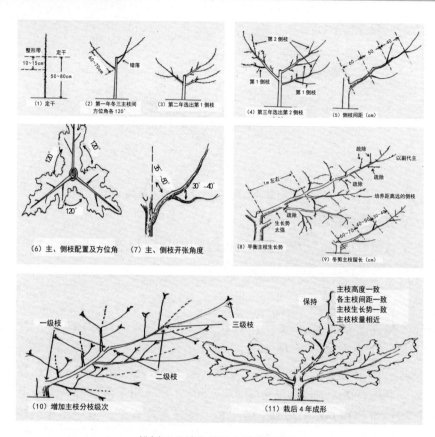

桃树三主枝自然开心形整形过程

四、改良式高干"Y"形双主干树形（对向高干"V"形）

由于果园管理成本特别是劳动力居高不下，急需机械化生产技术。因此，基于上述产业需求，中国农业科学院果树研究所开展了以适于机械化生产的栽培模式研究，研发出适于机械化生产的栽培模式——改良式高干"Y"形双主干树形，又称对向"V"形，有效解决了"Y"形树体双主枝容易劈裂的问题。

（一）改良式高干"Y"形双主干树形的优点

该树形具有结果枝空间分布比较均匀、通风透光性好、光能利用率高，快速形成大量的枝叶量、枝条长度自然降低、前期产量快速提高，营养生长和生殖生长平衡好、生殖生长得到加强、利于生产优质果，主干枝对向生长不易劈裂，易于整形、管理省工，便于机械化作业的优点。

（二）树体结构

树高 3.0~3.5 m，基部主干高 0.5~1.0m，基部主干上着生两个对向生长的主干枝呈"Y"形，两主干枝夹角为 30°~50°。与传统"Y"形的两主干枝背向生长不同，本树形的两主干枝对向生长，有效解决了盛果期主干枝容易劈裂的问题。每主干枝除基部具有一个牵制枝外，无侧枝，其余均为结果枝。牵制枝粗度为主干枝粗度的 1/3~1/2，与主干枝夹角为 80°~90°，上面着生 6 个左右的结果枝，以控制上强、稳定树势，减轻或避免上强下弱问题的发生。每主干枝上着生 30 个左右的结果枝，整株树着生 70 个左右的结果枝，结果枝与主干枝夹角为 90° 左右，呈水平或略微下垂状态。

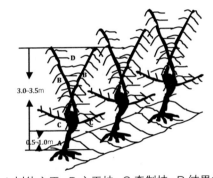

A 树体主干；B 主干枝；C 牵制枝；D 结果枝
改良式高干 Y 形双主干树体结构

（三）整形方法

苗木定植后，距行间地面 0.7~1.2m 处选择饱满芽定干；萌芽后，抹除砧木萌蘖；5月上中旬，待萌发新梢长至 30~40cm 时选留 2 个健壮新梢培养为 Y 形双主干枝，选留的 2 个健壮新梢通过拉枝或竹竿绑缚使其对向生长（如图），可有

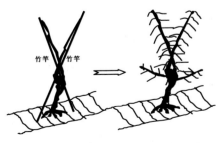

改良式高干"Y"形双主干树形整形过程
（典型特点："Y"形两主干枝对向生长，有效避免劈裂）

效避免两主干枝劈裂的问题；其余新梢均于基部扭梢使其水平或下垂生长作为辅养枝，为树体快速成形提供光合营养，夏剪或冬剪时将其疏除。6月上中旬前后，待主干枝上萌发的二次新梢长至 20~30cm 时，每主干枝上于主干枝基部选留 1 个健壮生长新梢将其培养为牵制枝，将该牵制枝进行拽枝使其与主干枝夹角呈 80°~90° 。主干枝上萌发的其余二次新梢待长至 20~30cm 时进行拽枝处理，使其呈水平或略微下垂状态生长，以开张枝条角度；同时将其留 1/3~1/2 短截，使二次新梢抽发三次梢，加大结果枝与主干枝的粗度差异。牵制枝上萌发的三次新梢待长至 20~30cm 时进行拽枝处理，使其呈水平或略微下垂状态生长，以开张枝条角度；同时将其留 1/3~1/2 短截，使三次新梢抽发四次梢。新梢短截时间最迟不晚于 7 月中下旬。8月上中旬，待大部分三次或四次梢长至 30~50cm，即每株树有 40 个左右的优质新梢时开始喷施生长抑制剂，如 1000 倍烯效唑或 300 倍多效唑或 150 倍 PBO 等控制其生长，促进花芽分化。秋季和冬季修剪时，将粗度超过主干枝或牵制枝 1/3 粗度的过粗侧枝疏除或重截，同时将过密枝、弱枝、强旺枝和徒长枝等疏除，以保证树体通风透光、树势均衡，以利于花芽分化和生产优质果品。对保留的结果枝甩放，不进行任何修剪。

翌年新梢萌发后，疏除过密梢和竞争梢，双梢去一，待果实硬核期时使树冠下方保持花荫即可。待新梢长至 30cm 时及时喷施 1000 倍烯效唑或 300 倍多效唑或 150 倍 PBO 等生长抑制剂，以控制新梢生长，促进果实发育和花芽分化。对于两主干枝顶端萌发的健壮新梢继续按栽植当年管理主干枝新梢的方法进行管理，待树高 3.0~3.5m 时为止。冬剪时，与第 1 年相同，将过密枝、弱枝、强旺枝和徒长枝等疏除，将过粗侧枝疏除或重短截，同时将所有结果枝组于基部保留 1~2 个健壮结果枝回缩修剪，最终每株树保留 70 个左右结果枝即可。至此，经过两年整形修剪管理，改良式高干 Y 形双主干树形培养成形。以后每年冬剪同上，使树体保持 3.0~3.5m 高为宜。夏季修剪时，注意将主干枝上部过旺新梢及时疏除，及时避免上强问题的发生。

第三章

简化修剪

第一节　葡　萄

一、冬季修剪

(一)修剪时期

从落叶后到第 2 年开始生长之前，任何时候修剪都不会显著影响植株体内碳水化合物营养，也不会影响植株的生长和结果。对于需下架越冬防寒的栽培模式，冬季修剪在落叶后越冬防寒前必须抓紧时间及早进行为宜，上架升温后可进行复剪。对于不需下架越冬防寒的栽培模式，冬季修剪于落叶后至伤流前 1 个月进行，时间一般在自然落叶 1 个月后至翌年 1 月间，此时树体进入深休眠期。在萌芽后容易发生霜冻的地区，最好在结果枝顶芽萌发新梢生长至 3~5cm 时再进行修剪，这样剪留芽萌芽期可以推迟 7~10 天，有效避开霜冻危害。

(二)基本修剪方法

1. 短截

是指将一年生枝剪去一段，留下一段的剪枝方法，是葡萄冬季修剪的最主要手法。

（1）短截的作用　①减少结果母枝上过多的芽眼，对剩下的芽眼有促进生长的作用；②把优质芽眼留在合适部位，从而萌发出优良的结果枝或更新发育枝；③根据整形和结果需要，可以调整新梢密度和结果部位。

（2）短截分类　根据剪留长度的不同，短截分为极短梢修剪（留1芽或仅留隐芽）、短梢修剪（留2~3芽）、中梢修剪（留4~6芽）、长梢修剪（留7~11芽）和极长梢修剪（留12芽以上）等修剪方式。其中长梢修剪（Cane-pruning）具有如下优点：①能使一些基芽结实力差的葡萄植株获得丰产；②对于一些果穗小的品种容易实现高产；③可使结果部位分布面较广；④结合疏花疏果，长梢修剪可以使一些易形成小青粒、果穗松散的品种获得优质高产。同时也有如下缺点：①对那些短梢修剪即可获得丰产的品种，若采用长梢修剪易造成结果过多；②结果部位容易发生外移；③母枝选留要求严格，因为每一长梢，将担负很多产量，稍有不慎，可能造成较大的损失。短梢修剪（Spur-pruning）与长梢修剪在某些地方的表现正好相反。

（3）选择依据　某一果园究竟采用什么短截方式，需要根据花序着生的部位确定，这与品种特性、立地生态条件及栽培模式、树龄、整形方式、枝条发育状况、生产管理水平及芽的饱满程度息息相关。一般情况下，对花序着生部位1~3节的树体采取极短梢、短梢或中短梢修剪，如避雨栽培、春促早栽培和露地栽培的巨峰等；花序着生部位4~6节的树体采取中短梢混合修剪，如延迟栽培或避雨栽培或春促早栽培或露地栽培的红地球等；花序着生部位不确定的树体，采取长短梢混合修剪比较保险。欧美杂交种对剪口粗度要求不严格，欧亚种葡萄剪口粗度则以0.8~1.2cm为好，如红地球、无核白鸡心等。在设施栽培中，耐弱光的品种如华葡紫峰、87-1和京蜜等，在冬促早栽培条件下，如未采取越夏更新修剪措施，冬剪时根据品种成花特性不同，采取中/短梢和长/短梢混合修剪方可实现丰产；在春促早栽培条件下，冬剪一般采取短梢修剪即可实现连年丰产。较耐弱光的品种如无核白鸡心、金手指、藤稔等，在冬促早栽培条件下，如未采取越夏更新修剪措施，冬剪时采取长 / 短梢混合修剪方可实现丰产；在春促早栽培条件下，冬剪时根据品种成花特性不同采取短梢修剪或中 / 短梢混合修剪即可实现连年丰产。不耐弱光的品种如夏黑、早黑宝、巨玫瑰和巨峰等在冬促早栽培条件下，必须采取更新修剪等连年丰产技术措施方可实现连年丰产，冬剪时一般采取中 / 短梢混合修剪方即可实现丰产；在春促早栽培条件下，冬剪时一般采取中梢或长梢修剪即可实现丰产。

1. 极短梢修剪；2. 短梢修剪；3. 中梢修剪；4. 长梢修剪；5. 极长梢修剪
葡萄修剪的三种方法

2. 疏剪

把整个枝蔓（包括一年和多年生枝蔓）从基部剪除的修剪方法，称为疏剪。具有如下作用：疏去过密枝，改善光照和营养物质的分配；疏去老弱枝，留下新壮枝，以保持生长优势；疏去过强的徒长枝，留下中庸健壮枝，以均衡树势；疏除病虫枝，防止病虫害为害和蔓延。

3. 缩剪

把 2 年生以上的枝蔓剪去一段留一段的剪枝方法，称为缩剪。其主要作用有：更新转势，剪去前一段老枝，留下后面新枝，使其处于优势部位；防止结果部位的扩大和外移；具有疏除密枝，改善光照作用；如缩剪大枝尚有均衡树势的作用。以上三种修剪方法，以短截法应用最多。

（三）枝蔓更新

1. 结果母枝的更新

结果母枝更新的目的在于避免结果部位逐年上升外移和造成下部光秃，修剪手法如下。

（1）双枝更新　结果母枝按所需要长度剪截，将其下面邻近的成熟新梢留2芽短剪，作为预备枝。预备枝在翌年冬季修剪时，上一枝留作新的结果母枝，下一枝再行极短截，使其形成新的预备枝；原结果母枝于当年冬剪时被回缩掉，以后逐年采用这种方法依次进行。双枝更新要注意预备枝和结果母枝的选留，结果母枝一定要选留那些发育健壮充实的枝条，而预备枝应处于结果母枝下部，以免结果部位外移。

（2）单枝更新　冬季修剪时不留预备枝，只留结果母枝。翌年萌芽后，选择下部良好的新梢，培养为结果母枝，冬季修剪时仅剪留枝条的下部。单枝更新的母枝剪留不能过长，一般应采取短梢修剪，不使结果部位外移。

2. 多年生枝蔓的更新

经过年年修剪，多年生枝蔓上的"疙瘩""伤疤"增多，影响输导组织的畅通；另外对于过分轻剪的葡萄园，下部出现光秃，结果部位外移，造成新梢细弱，果穗果粒变小，产量及品质下降，遇到这种情况就需对一些大的主蔓或侧枝进行更新。

（1）大更新　凡是从基部除去主蔓，进行更新的称为大更新。在大更新以前，必须积极培养从地表发出的萌蘖或从主蔓基部发出的新枝，使其成为新蔓，当新蔓足以代替老蔓时，即可将老蔓除去。

（2）小更新　对侧蔓的更新称为小更新。一般在肥水管理差的情况下，侧蔓4~5年需要更新一次，一般采用回缩修剪的方法。

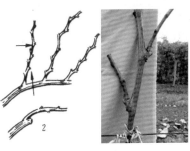

双枝更新（基部更新枝短梢修剪，上部结　　　　　　单枝更新
　　　　果母枝中梢或长梢修剪）

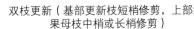

结果母枝的更新

（四）冬剪的留芽量

在树形结构相对稳定的情况下，每年冬季修剪的主要剪截对象是 1 年生枝。修剪的主要工作就是疏掉一部分枝条和短截一部分枝条。单株或单位土地面积（亩）在冬剪后保留的芽眼数被称为单株芽眼负载量或亩芽眼负载量。适宜的芽眼负截量是保证来年适量的新梢数和花序、果穗数的基础。冬剪留芽量的多少主要决定因素是产量的控制标准。我国不少葡萄园在冬季修剪时对应留芽量通常是处于盲目的状态。多数情况是留芽量偏大，这是造成高产低质的主要原因。以温带半湿润区为例，要保证良好的葡萄品质，每亩产量应控制在 1 500kg 以下。巨峰品种冬季留芽量，一般留 6 000 芽 / 亩，即每 4 个芽保留 1kg 果；红地球等不易形成花芽的品种，亩留芽量要增加 30%。南方亚热带湿润区，年日照时数少，亩产应控制在 1 000kg 或以下，但葡萄形成花芽也相对差些，通常每 5~7 个芽保留 1kg 果。因此，冬剪留芽量不仅需要看产量指标，还要看地域生态环境、品种及管理水平。

（五）冬剪的步骤及注意事项

1. 修剪步骤

葡萄冬剪步骤可用四字诀概况为：一"看"、二"疏"、三"截"、四"查"，具体表现如下。

（1）看　即修剪前的调查分析。要看品种、树形、架式和树势，看与邻株之间的关系，以便初步确定植株的负载能力，以大体确定修剪量的标准。

（2）疏　指疏去病虫枝、细弱枝、枯枝、过密枝、需局部更新的衰弱主侧蔓以及无利用价值的萌蘖枝。

（3）截　根据修剪量标准，确定适当的母枝留量，对1年生枝进行短截。

（4）查　经修剪后，检查一下是否有漏剪、错剪，因而叫作复查补剪。总之，看是前提，做到心中有数，防止无目的地动手就剪。疏是纲领，应依据看的结果疏出个轮廓。截是加工，决定每个枝条的留芽量。查是查错补漏，是结尾。

2. 修剪注意事项

① 剪截1年生枝时，剪口宜高出枝条节部3~4cm，剪口向芽的对面倾斜，以保证剪口芽正常萌发和生长。在节间较短的情况下，剪口可放至上部芽眼上。

② 疏枝时剪锯口不要剪得太靠近母枝，以免伤口向里干枯而影响母枝养分的输导。

③ 去除老蔓时，锯口应削平，以利愈合。不同年份的修剪伤口，尽量留在主蔓的同一侧，避免造成对伤口。

二、生长季修剪（夏季修剪）

生长季修剪，又称夏季修剪，是指萌芽后至落叶前的整个生长期内所进行的修剪，修剪的任务是调节树体养分分配，确定合理的新梢负载量与果穗负载量，使养分能充足供应果实；调控新梢生长，维持合理的叶幕结构，保证植株通风透光；平衡营养与生殖生长，既能促进开花坐果，提高果实的质量和产量，又能培育充实健壮、花芽分化良好的枝蔓；使植株便于田间管理与病虫害防治。

（一）抹芽、定梢和新梢绑缚

在芽已萌动但尚未展叶时，对萌芽进行选择去留即为抹芽。当新梢长至已能辨别出有无花序时，对新梢进行选择去留称为定梢。抹芽和定梢是葡萄夏季修剪的第一项工作，根据葡萄种类，品种萌芽，抽枝能力，长势强弱，叶片大小等进行。春季萌芽后，新梢长至 3~4cm时，每 3~5 天分期分批抹去多余的双芽、三生芽、弱芽和面地芽等；当芽眼生长至 10cm 时，基本已显现花序时或 5 叶 1 心期后陆续抹除多余的枝如过密枝、细弱枝、面地枝和外围无花枝等；当新梢长至 40cm 左右时，根据树形和叶幕形，保留结果母枝上由主芽萌发的带有花序的健壮新梢，而将副芽萌生的新梢除去，在植株主干附近或结果枝组基部保留一定比例的营养枝，以培养翌年结果母枝，同时保证当年葡萄负载量所需的光合面积。中国农业科学院果树研究所浆果类果树栽培与生理科研团队经多年科研攻关研究发现，在鲜食葡萄生产中，叶面积指数西北光照强烈地区以 3.5 左右（新梢间距 12cm左右）最为适宜、东北和华北等光照良好地区以 3.0 左右（新梢间距 15cm 左右）最为适宜、南方光照较差地区以 2.0 左右（新梢间距20cm 左右）最为适宜，此时叶幕的光能截获率及光能利用率高，净光合速率最高，果实产量和品质最佳。在土壤贫瘠条件下或生长势弱的品种，亩留梢量 3 500~5 000 条为宜；生长势强旺、叶片较大的品种或在土壤肥沃、肥水充足的条件下，每个新梢需要较大的生长空间和较多的主梢和副梢叶片生长，亩留梢量 2 500~3 500 条为宜。定梢结束后及时对新梢利用绑梢器或尼龙线夹压或缠绕固定的方法进行绑蔓，使得葡萄架面枝梢分布均匀，通风透光良好，叶果比适当。

抹芽（前）　抹芽（后）　　疏梢前（双梢去一）　　疏梢后（双梢去一）

疏梢前（过密梢和多余梢）　　　　疏梢后（过密梢和多余梢）

定梢绳定梢及新梢绑缚　　　　　　绑梢器

抹芽、疏梢和新梢绑缚

中国农业科学院果树研究所浆果类果树栽培与生理科研团队为提高定梢和新梢绑缚效果及效率，提出了定梢绳定梢及新梢绑缚技术，具体操作如下：首先将定梢绳（一般为抗老化尼龙绳或细钢丝）按照新梢适宜间距绑缚固定到铁线上，其中固定主蔓铁线位置定梢绳为死扣，固定新梢铁线位置定梢绳为活扣，便于新梢冬剪；然后于新梢显现花序时根据定梢绳定梢，每一定梢绳留一新梢，多余新梢疏除；待新梢长至50cm左右时将所留新梢缠绕固定到定梢绳上，使新梢在架面上分布均匀。

（二）主副梢模式化修剪

1. 主梢管理

（1）坐果率低，需促进坐果的品种　中国农业科学院果树研究所浆果类果树栽培与生理科研团队研究表明，对于坐果率低、需促进坐果的品种如夏黑无核和巨峰等巨峰系品种，两次成梢和三次成梢技术相比，主梢采取两次成梢技术效果最佳。主梢二次成梢修剪的"巨峰"葡萄果实的单粒质量、可溶性固形物含量、可溶性糖含量和维生素 C 含量显著高于主梢三次成梢修剪和对照（传统修剪），可滴定酸含量显著低于主梢三次成梢修剪和对照。不同的主梢成梢修剪方式和对照之间香气物质组成和含量差异较大，其中主梢二次成梢修剪香气物质的含量和种类显著高于主梢三次成梢修剪和对照。巨峰葡萄的特征香气物质 – 酯类物质尤其是起关键作用的乙酸乙酯的含量，主梢二次成梢修剪显著高于主梢三次成梢修剪和对照。同时，主梢三次成梢修剪处理检测出特有的具有樟脑气味的 2– 甲基萘，对照中检测出了特有的橡胶气味的苯并噻唑。主梢两次成梢技术的具体操作如下：在开花前 7~10 天沿第 1 道铁丝（新梢长 60~70cm 时）对主梢进行第 1 次统一剪截，待坐果后主梢长至 120~150cm 时，沿第 2 道铁线对主梢进行第 2 次统一剪截。

（2）坐果率高，需适度落果的品种　中国农业科学院果树研究所浆果类果树栽培与生理科研团队研究表明，对于坐果率高，需适度落果的品种如红地球和 87–1 等欧亚种品种，与一次成梢、两次成梢和三次成梢技术相比，主梢采取一次成梢技术效果最佳。具体操作如下：在坐果后待主梢长至 120~150cm 时，沿第 2 道铁丝对主梢进行统一剪截。

2. 副梢管理

浆果类果树栽培与生理科研团队研究表明，无论是巨峰等欧美杂种还是红地球等欧亚种，与副梢全去除、留 1 叶绝后摘心、留 2 叶绝后摘心和副梢不摘心 4 处理相比，副梢留 1 叶绝后摘心品质最佳。副梢留 1 叶绝后摘心处理果实的单粒质量、可溶性固形物含量、可溶性糖含量和维生素 C 含量显著高于副梢全去除、副梢留 2 叶绝后摘心和副梢不摘心三种副梢摘心方式，可滴定酸含量显著低于副梢全去除、副梢留 2 叶绝后摘心、副梢不摘心三种副梢摘心方式。副梢不同摘心方式之间香气物质组成和含量差异较大，其中巨峰葡萄的特征香气物质 – 酯类物质的含量，副梢留 1 叶绝后摘心处理果实显著高于副梢全去除、副梢留 2 叶绝后摘心、副梢不摘心三种副梢摘心方式，同时副梢留 1 叶绝后摘心处理未检测出令人不愉快风味的香气物质。副梢留 1 叶绝后摘心的具体操作：主梢摘心后，留顶端副梢继续生长，其余副梢待副梢生长至展 3~4 片叶时于副梢第 1 节节位上方 1cm 处剪截，待第 1 节节位二次副梢和冬芽萌动时将其抹除，最终副梢仅保留 1 片叶。

主梢摘心（模式化修剪）　　　　　副梢摘心（留 1 叶绝后摘心）

不同主梢（左 1 和左 2）和副梢（左 3~6）摘心管理对果实外观的影响
主副梢摘心

3. 主副梢免修剪管理

新梢处于水平或下垂生长状态时，新梢顶端优势受到抑制，本着简化修剪，省工栽培的目的，提出如下免夏剪的方法供参考，即主梢和副梢不进行摘心处理。较适应该法的品种、架式及栽培区：棚架、"T" 形架和 "Y" 形架栽植的品种、对夏剪反应不敏感（不摘心也不会引起严重落后落果、大小果）的品种和新疆产区（气候干热）栽植的品种，上述情况务必通过肥水调控、限根栽培或烯效唑化控等技术措施，使树相达到中庸状态方可采取免夏剪的方法。

（三）环割／环剥

环剥或环割的作用是在短期内阻止上部叶片合成的碳水化合物向下输送，使养分在环剥／环割口以上的部分贮藏。环剥／环割有多种生理效应，如花前1周进行能提高坐果率，花后幼果迅速膨大期进行增大果粒，软熟着色期进行提早浆果成熟期等。环剥或环割以部位不同可分为主干、结果枝、结果母枝环剥或环割。环剥宽度一般3~5mm，不伤木质部；环割一般连续4~6道，深达木质部。

（四）除卷须和摘老叶

卷须是葡萄借以附着攀缘的器官，在生产栽培条件下卷须对葡萄生长发育作用不大，反而会消耗营养，缠绕给枝蔓管理带来不便，应该及时剪除。葡萄叶片生长有缓慢到快速再到缓慢的过程，呈"S"形曲线。葡萄成熟前为促进上色，可将果穗附近的2~3片老叶摘除，以利光照，但不宜过早，以采收前10~15天为宜。长势弱的树体不宜摘叶。

（五）扭梢

对新梢基部进行扭梢可显著抑制新梢旺长，于开花前进行扭梢可显著提高葡萄坐果率，于幼果发育期进行扭梢可促进果实成熟和改善果实品质及促进花芽分化。

  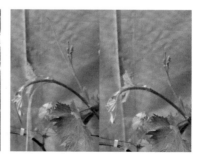

环剥　　　　　环割　　　　　除卷须（左除卷须前、右除卷须后）

环剥／环割和除卷须

摘老叶

扭梢

摘老叶和扭梢

（六）夏剪中的"控—放—控"

1."控"

从萌芽到开花坐果，以控制新梢的营养生长为主的夏季修剪作业，包括抹芽、疏枝、花前摘心，都是围绕控制营养生长，调控树势均衡，使营养向花序发育、坐果上集中。此阶段叶色应为黄绿色。

2."放"

从坐果到果实转色前，适量放任副梢生长，形成"老"（主梢叶）"中"（1次副梢叶）、"青"（2次副梢叶）三结合的合理的叶龄光合营养"团队结构"。此阶段叶色应为绿色。

3."控"

从转色到果实成熟。此阶段应集中营养于果实成熟和枝条成熟。在夏季修剪上应摘除所有嫩梢、嫩叶，打掉无光合能力的老叶。此阶段叶色应为深绿色并要求新梢基本停止生长。

（七）更新修剪

在设施葡萄生产中，连年丰产不是通过任何单一技术措施能达到的，必须运用各种技术措施包括品种选择、环境调控、栽培管理、化

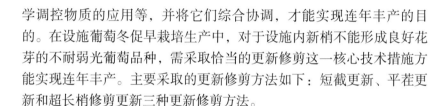

学调控物质的应用等，并将它们综合协调，才能实现连年丰产的目的。在设施葡萄冬促早栽培生产中，对于设施内新梢不能形成良好花芽的不耐弱光葡萄品种，需采取恰当的更新修剪这一核心技术措施方能实现连年丰产。主要采取的更新修剪方法如下：短截更新、平茬更新和超长梢修剪更新三种更新修剪方法。

1. 更新修剪的基本方法

（1）短截更新－根本措施　短截更新又分为完全重短截更新和选择性短截更新两种方法，是通过更新修剪实现连年丰产的根本措施。①完全重短截更新：对于果实收获期在 6 月 10 日之前不耐弱光的葡萄品种如夏黑等采取完全重短截的方法。于浆果采收后，将原新梢留 1~2 个饱满芽进行重短截，逼迫其基部冬芽萌发新梢，培养为翌年的结果母枝。完全重短截更新修剪时，若剪口芽未变褐，则不需使用破眠剂；若剪口芽已经成熟变褐，则需对所留的饱满芽用石灰氮或葡萄专用破眠剂—破眠剂 1 号（中国农业科学院果树研究所研制）或单氰胺等破眠剂涂抹以促进其萌发。②选择性重短截更新：该方法系中国农业科学院果树研究所浆果类果树栽培与生理科研团队首创，有效解决了果实收获期在 6 月 10 日之后且棚内梢不能形成良好花芽的葡萄品种的连年丰产问题。采用此法更新需配合相应树形和叶幕形，即以倾斜龙干形配合"V+1"形叶幕为宜，非更新梢倾斜绑缚呈"V"形叶幕，更新预备梢采取直立绑缚呈"1"形叶幕。如果采取其它树形和叶幕形，更新修剪后所萌发更新梢处于劣势位置，生长细弱，不易成花。在覆膜期间新梢管理时，首先将直立绑缚呈"1"形叶幕的新梢留 6~8 片叶摘心，培养为更新预备梢。短截更新时（一般于 5 月 10 日前进行短截更新），将培养的更新预备梢留 4~6 个饱满芽进行短截，逼迫顶端冬芽萌发新梢，培养为翌年的结果母枝；对于短截时剪口芽已经成熟变褐的葡萄品种需对剪口芽用 4~10 倍石灰氮或葡萄专用破眠剂—破眠剂 1 号（中国农业科学院果树研究所研制）涂抹以促进其萌发；其余倾斜绑缚呈"V"形叶幕的结果梢在浆果采收后从基部疏除。③注意事项：短截时间越早，短截部位越低，冬芽萌发越快，萌发新梢生长越迅速，花芽分化越好，一般情况下完全重短截更新修剪时间最晚不迟于 6 月 10 日，选择性短截更新修剪时间最晚不迟于 5 月 10 日。短截更新修剪时间的确定原则是棚膜揭除时更新修剪冬芽萌发新梢长度不能超过 20cm 并且保证冬芽副梢能够正常成熟。短截更新修剪所形成新梢的结果能力与母枝粗度关系密切，一般短截剪口直径在 0.8~1.0cm 的新梢冬芽所萌发的新梢结果能力强。

（2）平茬更新　浆果采收后，保留老枝叶 1 周左右，使葡萄根系积累一定的营养，然后从距地面 10~30cm 处平茬，促使葡萄母蔓上的隐芽萌发，然后选留一健壮新梢培养为翌年的结果母枝。该更新方法适合高密度定植采取地面枝组形单蔓整枝的设施葡萄园，平茬更新时间最晚不晚于 6 月初，越早越好，过晚，更新枝生长时间短，不充实，花芽分化不良，花芽不饱满，严重影响翌年产量。因此，对于果实收获期过晚的葡萄品种不能采取该方法进行更新修剪。利用该法进行更新修剪对植株影响较大，树体衰弱快。

（3）超长梢修剪 – 补救措施　在设施葡萄冬促早栽培中，对于不耐弱光的葡萄品种错过时间未来得及进行更新修剪的，只有冬剪时采取超长梢修剪的方法方能实现连年丰产。揭除棚膜后，根据树形要求在预备培养为翌年结果母枝的新梢顶端选择夏芽 / 冬芽萌发的 1~2 个健壮副梢于露天条件下延长生长，将其培养为翌年的结果母枝，待其长至 10 片叶左右时留 8~10 片叶摘心。晚秋落叶后，将培养好的结果母枝扣棚期间生长的下半部分压倒盘蔓，而对于其揭除棚膜后生长的上半部分采取长梢 / 超长梢修剪。待萌芽后，再选择结果母枝棚内生长的下半部分，靠近主蔓处萌发的新梢培养为预备梢继续进行更新管理，管理方法同去年，待落叶冬剪时将培养的结果母枝前面的已经结过果的枝组部分进行回缩修剪，回缩至培养的结果母枝处，防止种植若干年后棚内布满枝蔓，影响正常的管理，以后每年重复上述管理进行更新管理。该更新修剪方法不受果实成熟期的限制，但管理较烦琐。

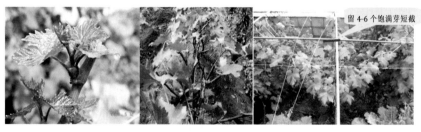

留4-6个饱满芽短截

完全重短截更新修剪（左图更新修剪时剪口芽
未变褐不需涂抹破眠剂，右图更新修剪时剪口
芽变褐需涂抹破眠剂促芽萌发）

选择性短截更新修剪

更新修剪 – 短截更新

平茬更新   超长梢更新

更新修剪 – 平茬更新和超长梢更新

2. 更新修剪的配套措施

（1）完全重短截更新或平茬更新的植株　采取平茬或完全重短截更新需及时结合进行开沟断根处理，开沟的同时将切断的葡萄根系拣出扔掉，防止根系腐烂产生有毒物质导致重茬现象（冬芽萌发新梢黄化和植株早衰）。开沟断根位置离主干30cm左右，开沟深度30~40cm，开沟后及时增施有机肥和以氮肥为主的葡萄全营养配方肥—幼树1号肥（中国农业科学院果树研究所研制），以调节地上地下平衡，补充树体营养。待新梢长至20cm左右时开始叶面喷肥，一般每7~10天喷施1次600~800倍液的含氨基酸的氨基酸1号叶面

肥（中国农业科学院果树研究所研制）；待新梢长至 80cm 左右时施用一次以磷、钾肥为主的葡萄全营养配方肥 — 幼树 2 号肥（中国农业科学院果树研究所研制），叶面肥改为含氨基酸硼的氨基酸 2 号叶面肥（中国农业科学院果树研究所研制）和含氨基酸钾的氨基酸 5 号叶面肥（中国农业科学院果树研究所研制），每 10 天左右交替喷施一次，喷施浓度为 600~800 倍液。

（2）超长梢修剪更新或选择性短截更新的植株　一般于新梢长至 20cm 左右时开始强化叶面喷肥，配方以含氨基酸的氨基酸 1 号叶面肥、含氨基酸硼的氨基酸 2 号叶面肥、含氨基酸钙的氨基酸 4 号叶面肥和含氨基酸钾的氨基酸 5 号叶面肥（中国农业科学院果树研究所研制）为宜；待果实采收后及时施用一次充分腐熟的牛、羊粪等农家肥或商品有机肥作为基肥，并混加葡萄全营养配方肥—结果树 5 号肥（中国农业科学院果树研究所研制），以促进新梢的花芽分化和发育。

（3）叶片保护　叶片好坏直接影响到翌年结果母枝的质量，因此叶片保护工作对于培育优良结果母枝而言至关重要，主要通过强化叶面喷肥提高叶片质量和病虫害防治保护好叶片达到目的。其次棚膜揭除的方法对于叶片保护同样非常重要。对于非耐弱光品种，更新修剪后待萌发新梢长至 20cm 之前需及时揭除棚膜，不能太晚，否则会对叶片造成光氧化直至伤害；对于耐弱光品种，果实采收后不需揭除棚膜，只需加大放风口防止设施内温度过高即可，否则如果揭除棚膜将造成叶片严重的光伤害，进而影响花芽的进一步分化。

开沟断根施肥（开沟位置离主干30cm左右，深度30~40cm）　叶片光氧化

更新修剪的配套措施

第二节　苹　果

一、夏季修剪

苹果树夏季修剪，是在冬季修剪的基础上于生长季节内进行的一种调节技术，目的在于促进幼旺树成花结果，及时调整树体骨架结构，实现冠内通风透光，减少病虫为害，提高果品商品质量。夏季修剪的方法主要包括刻芽、抹芽、开张角度、疏枝、扭梢、拿枝软化，环切环剥等。夏剪措施应用得当，是果树丰产优质的先决条件，如果运用不当，则影响果树的生长与结果。

（一）刻芽

刻芽是实现苹果幼树早期丰产的关键技术之一，是春季管理的一项重要技术措施。正确的刻芽可显著提高果树枝条萌芽率，促进隐芽的萌发和新梢的生长，使幼树早成形、早结果、早丰产。刻芽在萌芽前15~30天至萌芽初期进行，一般时间为3月中下旬至4月中旬。刻芽时间要根据刻芽的目的而定。为抽发长枝，刻芽要早（萌芽前15~30天）、要深（至木质部内）、要宽（宽度大于芽的宽度）、要近（距芽0.3cm左右）。为抽发短枝，刻芽要晚（萌芽初期）、要浅（刻至木质部，但不伤及木质部）、要窄（宽度小于芽的宽度）、要远（距芽0.5cm左右）。刻芽的方法就是在果树枝干的芽上0.3~0.5cm处，用小刀或小钢锯切断皮层筛管或少许木质部导管。

刻芽及形成分枝状

抹除剪口下第2、3芽和主干部位萌蘖芽

（二）抹芽

抹芽是生长季节管理的一项重要措施，对减少冬季修剪量、缓和树势，提早结果具有重要意义。抹芽就是要抹除或削去嫩芽。苹果生长季节要抹去的芽包括：主枝延长枝剪口下第2、3个芽，主干部分萌发的芽，中央领导干剪口下的个别芽，疏枝后伤口周围萌发的芽，圈枝、别枝、扭梢、压枝等在枝条隆起部位的芽，7月以后拉枝其基部、背上萌发的芽，树冠内膛由不定芽发出的芽。

（三）开张角度

开张角度有利于培养成结构良好、骨架牢固、大小整齐的树冠，改善光照条件，调整树势，避免营养生长过旺，提早结果，对苹果树体营养积累、产量以及果实品质起到一定的调节作用。是指人为地改变枝条的生长方向，调整枝条与中心干之间的夹角，主要包括拉枝、扭梢、拿枝、撑枝、坠枝等方法。

各种开张角度的方法

（四）疏枝

疏枝是指当年生把新梢或多年生枝从基部疏除的修剪，可以减少枝条数量，改善树冠内光照状况及附近枝的营养状况。由于疏枝减少了枝叶量，有助于缓和母枝的加粗生长，优化树体枝类组成。通过疏枝可以保持树体主从分明，枝条分布均匀，间距适当，枝条单轴延伸，防止大枝占位、后部空虚、结果部位外移，影响产量的提升。疏枝时应以干枯枝、病虫枝、不能利用的徒长枝、过密的交叉枝、外围遮光的发育枝及衰老的下垂枝、直立枝、竞争枝、重叠枝、背上枝条为对象。

疏除各种无用枝条

（五）环刻或环剥

　　环割和环剥是促进苹果幼树成花、提早结果和成龄密植苹果园控冠的主要夏剪手段，也是保证连年丰产、稳产的重要技术措施之一。环割是从枝条基部5cm处用刀片将皮层割断一圈。枝条粗壮时可进行多道环割，以增强促花效果。环剥是在枝干基部10cm左右光滑处，环割两刀，间隔为枝干粗度的1/10，然后去除中间的皮层。主干环剥是环剥的一种特殊形式，是从距地面20cm以上的主干光滑处进行环剥，宽度为主干直径的1/10。主干环剥可促进全株花芽分化，并起到控冠作用。环割和环剥应用的主要时期是在苹果花芽分化的临界期，即苹果中、短梢停长期，主要在5月底至6月上旬进行。

环刻和环剥

二、冬季修剪

冬季苹果树的修剪是十分重要的，尤其对于一些特殊枝条的处理，修剪不当不但影响果实产量的提高，还会带来一系列的病害发生。苹果树冬剪的时间不同，效果是不一样。如严寒以后，春季树液流动前修剪的苹果树，第2年的生长势比较旺盛，结果良好，产量也较高，对低温和干旱等不良外界环境条件的抵抗力也强。据观察在这段时间内修剪越早，越有利于促进树体生长，修剪时间越晚，作用就越小。苹果树冬季修剪时间一般在1月中旬至3月上旬为宜。过早，剪口易受冻害，形成干桩；过晚，则会削弱树势。

（一）短截

指对1年生枝条的剪截，促使其抽生新梢，增加分枝数目，培养结果枝组和树体局部更新复壮。

1. 轻短截

在次饱满芽口处，仅剪去枝条顶端的一小段（约1/3），剪后剪口下方易形成较多的中短枝，可控制枝条旺长，促进成花。

2. 中短截

在枝条中部饱满芽处修剪，饱满芽成枝能力强，生长旺盛，可用于延长枝头；在盲节（春、秋梢交界）处剪时，盲节处可形成多个中枝，控制枝梢旺长，有利于下部形成结果枝。

3. 重短截

在枝条下部次饱满芽处剪，可形成1~2个短旺枝，培养结果枝组。

4. 极重短截

在基部轮痕处剪，可抽生2个中庸短枝，常用于徒长枝修剪。

短截

（二）回缩

指对 2 年生及以上枝的剪截，促进后部生长、萌发新枝、更新复壮，因此常用于盛果期和衰老期果树。

1. 枝组回缩

对于枝势转弱、枝轴下垂或过高以及冗长枝组，在中后部进行回缩，有利于枝组复壮，形成中小结果枝组；对于过密枝组，可在下部进行回缩，改善光照，促进周围枝组生长。

2. 延长枝回缩

当延长枝原头下垂或长势变弱时，可回缩到后部 2~4 年生长势良好分枝处，有利于增强延长枝生长势。

3. 大枝及辅养枝回缩

当同层骨干枝过多时，可缩剪 1~2 个大枝，对于两骨干枝中间的辅养枝，在其枝轴基部分枝前回缩，有利于改善光照和骨干枝的扩大。

4. 老树更新回缩

在背上多年生、生长良好枝的基部进行回缩，重点回缩主、侧枝，减少生长点，复壮枝势。

回缩

（三）疏枝

指将枝条齐根剪除，多用于盛果期枝量大、衰弱枝较多的果树，疏枝对全树有削弱作用，但可改善通风透光条件，提高叶片光合作用效率。主要疏除密生枝、竞争枝、轮生枝、并生枝、重叠枝、交叉枝等。疏枝时，要齐根剪，并留有 20°~30° 倾斜角；疏枝量较大、去强留弱时，削弱作用大，可用于辅养枝的更新或延缓旺树生长；疏枝量较少、去弱留强时，削弱作用小，可集中养分，促进强枝生长，可用于大枝更新或弱树复壮。

疏枝

第三节　梨

一、夏季修剪

夏季修剪，也称生长季修剪，指春季萌芽到秋季落叶前这段时期的修剪，修剪时采用的方法有抹芽、拉枝、疏剪、拿枝等。

（一）刻芽

指在枝条芽的上方用锯条横割，深达木质部，也称目伤。刻芽一般在春季萌芽前进行，目的是暂时阻止水分和养分的运输，促进伤口下芽的萌发。刻芽一般应用在缺枝部位，通过此法促进枝条抽生，填补空间，使树体丰满。对直立的强旺枝通过对多个芽的刻芽，可促生中、短枝，并将其培养成结果枝组。为提高萌芽、成枝的效果，还可在刻芽的同时，在芽上涂抹发枝素等药剂。

目伤并涂抹发枝素后发枝效果

（二）抹芽

将不恰当部位芽发出的背上枝、过密枝、竞争枝、剪口枝等在萌芽后或嫩梢期抹除叫抹芽，或称为除萌。抹芽可选优去劣，节省养分，改善光照，并避免冬剪造成较大伤口。尤其是选用棚架式"Y"

字形等树形的幼树，由于开张角度较大，主枝背上易发枝，且生长快，容易造成树冠郁闭，应及时抹除。

抹芽

（三）拿枝

在生长季节用手握住枝条从基部向梢尖逐渐移动并轻微折伤木质部，促使枝条角度开张。拿枝的主要对象是较直立的旺枝、竞争枝、辅养枝等。拿枝可以开张枝条角度，提高枝条萌芽率，促进花芽和中短枝形成，培养结果枝组。拿枝时注意手部力量的轻重，避免折断枝条或重伤枝条皮层。

拿枝

（四）开张角度

在春季或秋季枝条柔软时，对较直立的枝条用绳拉或牙签、树枝及木棍撑开，也可用泥土装袋、砖块等坠枝，以开张角度，调整生长方向。开张角度可削弱顶端优势，缓和生长势，促进侧芽发育，有利于提早成花、结果和快速整形。

开张角度

（五）环剥与环割

环剥与环割的对象为强树、强枝、壮枝和直立枝，通常不用在弱树、弱枝上。操作时要确保环形切口对齐，不过宽、过深，以免影响伤口愈合，引发病虫害。环剥指用刀剥去枝干上一定宽度的树皮，宽度一般为环剥处枝干直径的 1/10~1/8，环剥部位一般在枝干基部。剥口太宽不易愈合，甚至会造成死树、死枝。太窄则愈合太快，达不到促花结果的效果。环剥时要注意切口深度，最好只切断皮层，不要伤及木质部。环剥用刀要锋利，切口要整齐、没有毛茬。主干环剥要十分慎重，环剥不当会造成树势过度衰弱或死树。环割指在枝干光滑部位将树皮割断一圈或几圈的措施。环割不如环剥的效果好，但比较保险，一般不易造成死枝或死树。对容易成花的品种，双道环割就可有效促成花芽，割口相距 0.5~1cm。

二、冬季修剪

冬季修剪，也称休眠期修剪，指冬季梨树落叶后处于休眠状态到翌年春季萌芽以前这一时期的修剪。修剪方法有缓放、疏剪、回缩、短截等。

环剥和环刻

（一）缓放

又叫长放、甩放。对1年生枝不剪叫缓放。缓放由于没有对枝条进行刺激，可减弱枝条的顶端优势，增加中短枝数量，促进成花结果，多用于中庸枝、平斜枝。幼树枝条多缓放，增加枝量，缓和生长势，促进早花早果。

缓放

（二）疏枝

将1年生或多年生枝条从基部全部剪除叫疏剪。对于病虫枝、枯死枝、过密大枝、没有利用价值的徒长枝、过密的交叉枝、衰老枝、重叠枝以及影响光照的发育枝等可进行疏剪处理。疏剪可促进或削弱局部枝的生长，减小枝条的密度，改善树体通风透光条件，恶化病虫生长环境，有利于优质梨的生产。疏枝对树体生长有减缓和削弱作用，疏剪口越大，作用越明显。

修剪前　　　　　　　　　　　修剪后

疏除背上旺枝

（三）回缩

又称缩剪，去除多年生枝条的前部。单轴枝组延伸过长、结果枝组下垂过长、结果枝组过大或衰老、辅养枝影响主枝生长、树间枝头交接等均可采用回缩予以解决。回缩一般在结果树和衰老树上应用较多。

回缩

（四）短截

将1年生枝剪去一部分、保留一部分的修剪方法称为短截。根据短截程度又分为轻短截、中短截、重短截、极重短截四种方法。随着密植省力化栽培技术的发展，短截特别是中短截在生产中已较少采用。

短截

第四节　桃

一、夏季修剪

夏季修剪工作量较大，主要内容是：抹芽、摘心、剪梢、疏枝和拉枝五种。

（一）抹芽

一般在萌芽生长到5cm之前进行。抹除双芽、三芽枝，留单芽，抹除剪锯口周围或主干上的密生枝，可减少养分浪费和有利于树冠通风透光。

（二）摘心

是夏季修剪中的重要内容，在新梢迅速生长期（5月上中旬至6月底）进行，其作用是改变营养分配，抑制旺长，发副梢，提高花芽质量，减少与相邻枝条的营养竞争。

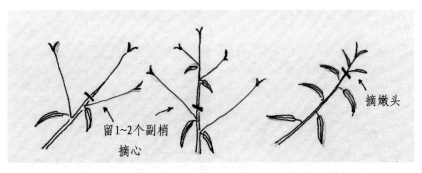

摘心

（三）疏枝

疏除竞争枝、密生枝、徒长枝，可以改变光合产物的分配，改善通风透光条件，促进成花、果个增大和着色。但值得注意的是，疏枝要适量，否则，如疏重了，会减少枝叶量，不利于幼树正常发育。

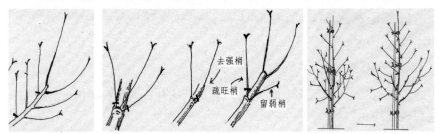

疏除竞争梢和旺梢　　　疏除双芽枝和三芽枝　　　疏除过密枝、背上枝和交叉枝

疏枝

（四）拉枝或拶枝

拉枝或拶枝，进入8月中、下旬，一些优良的长果枝、长枝组比较直立，用拶枝或拉枝法将其拉到100°～110°，内膛光照改善，花芽质量提高。

（五）打顶

桃树副梢可发2、3次，到了9月中、下旬还有不停生长的，这些梢幼嫩，成熟度不高，经不起冬季低温考验，几乎全部冻死或第2年春季发生抽条，故一般在10月上、中旬将顶端幼嫩部分全部打掉，简称打顶。

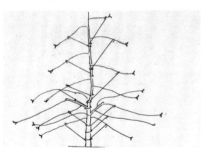

桃树秋季拉枝状（钢丝拉枝器）

二、冬季修剪

在桃树冬季修剪方法上，传统的做法是中、长枝短截和多年生枝的回缩，夏季新梢摘心几乎是枝枝必问，而且要反复摘心，一年摘心，旺树达3~4次，冬季修剪对中长枝短截几乎是枝枝必问，一天一人剪不了几株树，浪费了大量劳力。近年，在桃树修剪上进行了革新，改用长梢修剪技术，这是国内外一种新趋势。

（一）长梢修剪的优点

1. 技术简单易学

因为长梢修剪技术主要采用疏枝、长放和回缩剪法，几乎不进行短截（包括中、长果枝及中庸新梢），所以，一看就懂，一学就会，半天可看懂，一天可学会，三天就出徒。

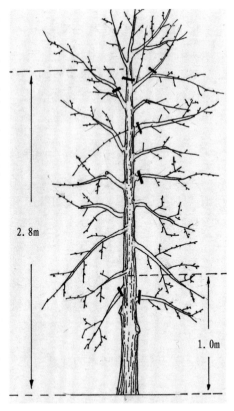

2.8m

1.0m

主干形盛果期树冬剪（长梢修剪，甩放结合；提干，疏除过粗过大侧枝或枝组，保留足够中长果枝

2. 修剪快捷，节省用工

过去采用截缩法剪树，剪一株桃树要花几十分钟，如今采用疏放法，只用几分钟，1 人 1 天可剪 0.5~1.0 亩桃树。

3. 树势稳定、坐果可靠

传统的截缩法，修剪重、打头多，树势反应敏感，夏秋冒条多，树势过旺，影响坐果，而且由于新梢争夺养分，使果个变小、质量变差、产量降低，树势更难控制。

（二）长梢修剪的品种差异

1. 以长果枝结果为主的品种

将骨干枝先端强壮的竞争枝、徒长枝及多余的细弱结果枝疏除，留下中庸、健壮（筷子粗细）的中、长果枝，长放或轻剪，使其结果后斜生、下垂，达到前部结果、后部长枝、前不旺、后强壮的结果状态，如大久保、雪雨露等。

2. 以中、短果枝结果为主的品种

先用长果枝长放，缓势结果，促其中、后部抽生中、短果枝，再利用这些中、短果枝结果，如深州水蜜、丰白、仓方早生和安农水蜜桃等品种。

3. 易裂果的品种

在定果时，以长果枝中、前部多留果，随果实逐渐长大，将果枝压弯、下垂，果实生长减缓，裂果减轻，适宜的品种有华光、瑞光 3 号、丰白等。

（三）长梢冬剪技术的配套措施

1. 提干

一般情况下，桃树定干较矮，栽后当年，抽生的侧生枝较长，有

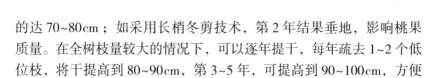

的达 70~80cm ；如采用长梢冬剪技术，第 2 年结果垂地，影响桃果质量。在全树枝量较大的情况下，可以逐年提干，每年疏去 1~2 个低位枝，将干提高到 80~90cm，第 3~5 年，可提高到 90~100cm，方便地下管理，提高果品质量。

2. 严控粗大枝组

为了保持主干或主枝的绝对优势，要保持干枝比在 1∶（0.3~0.5）。每年冬剪时，应注意疏剪 1~3 个粗大枝、侧生枝，尤其是低位枝、竞争枝、直立徒长枝，保留健壮、细长的侧生枝（枝组）。特别要重视、保留从主干或主枝上发生的优良长果枝（枝组），维持结果部位稳定，树体大小稳定。

3. 保留足够的中、长果枝数量

为了取得较高产量，必须在冬剪时，留足够数量的中、长果枝。

（四）修剪量

修剪量是用剪下来的枝条重量（kg）来表示，随树体逐渐长大，枝量增多，每年枝条修剪量略有增加。一般情况下，1 年生树冬季修剪量为 0.8kg/ 株，2 年生为 2.0kg/ 株，3 年生为 2.2kg/ 株，4 年生为 3.0kg/ 株。逐年增长不多，树体枝量较稳定。

第二部分　果树嫁接

第一章

概　述

第一节　果树嫁接的用途

　　果树嫁接是指将果树优良品种母株的枝或芽接到另一植株的枝、干或根的适当部位，经过双方愈合而组成新的独立植株的过程。利用嫁接方法繁殖的苗木称为嫁接苗，嫁接苗由接穗和砧木两部分组成，其中用作嫁接繁殖的枝段或芽子称为接穗，而承受接穗的部分称为砧木。嫁接在果树栽培中应用广泛，占有重要地位，主要有如下用途。

高接换优

硬枝嫁接

绿枝嫁接　　芽接

接穗和砧木

一、繁殖苗木，保持品种特性

　　嫁接繁殖是大量生产果树苗木最主要的繁殖方法。通过嫁接繁殖可以迅速培育大量生物学形状和果实经济形状基本一致的苗木，从而为果树产业的健康可持续发展奠定坚实的基础。

葡萄嫁接苗　　　　　　　核桃嫁接苗　　　　　　　柿子嫁接苗

果树嫁接苗

二、增强果树抗逆性和适应性，调节树体大小和生长势

通过嫁接利用砧木的乔化、矮化、抗旱、抗寒、耐涝、耐盐碱和抗病虫等特性，以增强接穗品种的适应性、抗逆性，并可调节接穗品种的生长势，有利扩大栽培范围和选用栽植密度。

三、改善果树授粉条件，保证果园优质丰产

许多果树品种需要异花授粉才能正常结实，但在生产实际中许多果园栽培品种单一缺乏授粉品种或授粉品种配置不合理，致使产量降低甚至绝产。通过高接授粉品种，可有效改善果园的授粉条件，从而达到优质丰产的栽培目的。

葡萄抗性砧木，根系分布深，使接穗　　矮化砧木，使接穗品种显著矮化，促进
品种的抗旱和抗寒能力增强　　　　　　　接穗品种提早结果

四、改良品种，避开果树重茬问题

随着果树产业的发展和人民生活水平的提高，淘汰新品种，更换适合消费者需求的优新品种是目前果树生产中面临的一个重要问题。对已有果园刨树重栽，不仅影响产量和品种更新速度，而且很多果树存在严重的重茬问题。而通过高接换优技术，不仅加快品种更新，使果园产量快速恢复，而且可以避开果树重茬问题。采取高接换优技术措施，一般 2~3 年即可恢复到原树冠大小，产量恢复很快。

高接换优，加快品种更新，改善果园授粉条件

五、提早结果，实现早期丰产

大多数果树树种，采用实生繁殖不仅变异大、果实优良形状不能保持，而且结果比较晚。采取结果树上的枝或芽作接穗进行嫁接繁殖，嫁接后可以显著提早结果。

六、挽救垂危果树

生产中果树的枝、干等由于机械损伤、病虫为害或动物啃伤等常常导致树体养分不能正常运输，致使果树生长衰弱，甚至死亡。采用桥接的嫁接技术，可使损伤部位两端的健康组织连接起来，恢复树体养分的正常运输，从而使果树的正常生长发育恢复。

七、培育无毒苗，促进无病毒栽培技术的推广

利用生长点附近 2mm 以内的茎尖不带病毒的特点，采用茎尖微嫁接技术可以大量生产无病毒良种苗木，为促进果树无病毒栽培技术的推广奠定坚实的基础。

第二节　影响果树嫁接成活的因素

影响果树嫁接愈合成活的因子主要是砧木和接穗的亲和力、砧木和接穗的质量、嫁接技术和嫁接时的外部条件等。

一、砧木和接穗的亲和力

指砧木和接穗经过嫁接能否愈合成活和正常生长结果的能力，是嫁接成活的关键因子和基本条件，嫁接亲和力强弱是植物在系统发育过程中形成的特性。通常将砧木和接穗的亲和力分为以下几种。

（1）亲和力良好　砧穗生长一致，接合部愈合良好，生长发育正常。

（2）亲和力差　砧木粗于或细于接穗，接合部膨大或呈瘤状。

（3）短期亲和　嫁接成活后生活几年以后枯死。

（4）不亲和　嫁接后接穗不产生愈伤组织并很快干枯死亡。其中短期亲和对果树生产和经济效益将造成严重影响。因此，在进行果树嫁接时，一定要选择适宜的砧木和接穗组合。

二、砧木和接穗的质量

砧、穗的愈合过程需要双方贮存有充足的营养物质作保证，才有利双方形成层正常分裂愈合和良好的成活。其中尤以接穗的质量（主要指营养物质和水分含量）具有重要作用。不同树种嫁接成活对接穗含水量要求有所差异，但多数果树均表现为接穗失水越多，愈伤组织形成量越少，嫁接成活率也越低。但是某些果树（如核桃）当春季土

壤解冻后，根系开始活动和根压增大，容易出现过多伤流而影响或窒息接合部伤面细胞呼吸作用，妨碍愈伤组织生产和增殖，也可导致成活率降低。

三、嫁接技术

正常和熟练的嫁接技术，是嫁接成活的重要条件。砧木和接穗削面平滑，形成层密接，操作迅速准确，接口包扎严密者，嫁接成活率高。反之，削面粗糙，形成层错位，接口缝隙较大和包扎不严等，均可降低嫁接成活率。

四、嫁接时外部条件

嫁接时的外部条件如气温、地温、土壤水分和接口湿度等对果树嫁接的成活率影响很大。

（一）温度

是影响果树嫁接成活的主要外部环境因子之一。气温和地温与砧木、接穗的分生组织活动程度有密切关系。各种果树愈伤组织形成的适宜温度不同。苹果形成愈伤组织的适温为 22℃左右，3~5℃愈伤组织形成甚少，超过 32℃不利发生愈伤组织并可引起细胞受伤，40℃以上愈伤组织死亡。核桃形成愈伤组织的适宜温度为 22~27℃，低于 17℃愈伤组织形成很少，超过 35℃枝条变黑。葡萄形成愈伤组织的最适温度为 24~27℃，超过 29℃愈伤组织柔嫩易损，低于 21℃形成愈伤组织缓慢。因此，根据不同果树愈伤组织形成对温度的要求，选择适宜嫁接时期或在室内嫁接时控制好环境温度，是嫁接成功的另一重要条件。

（二）土壤水分和接口湿度

土壤水分含量与砧木生长势和形成层分生细胞活跃状态有关。当砧木容易离皮和接穗水分含量充足时，双方形成层分生能力都较强，愈伤和结合较快，砧、穗输导组织容易连通。当土壤干旱缺水，砧木形成层活动滞缓，必然影响嫁接成活率。但土壤水分过多，将导致根系缺氧而降低分生组织的愈伤能力。接口湿度为砧、穗双方愈伤和连接创造了适宜条件，由于愈伤组织是由薄壁而柔嫩细胞群所组成，需要在愈伤组织表面保持一层水膜，有利促进形成愈伤组织，因此，接穗充分浸水并蜡封或其他接口保湿措施，都是为接口双方大量形成愈伤组织并进一步愈合成活创造有利的条件。但对于某些伤流较多的树种如核桃，为避免浸泡接口而降低成活率，应尽量避开伤流期嫁接或采取减少接口伤流的措施（如断根、室内嫁接、开伤流口等）以后，再进行嫁接。

第二章

嫁接前准备

第一节　砧木苗培育

一、砧木的选择与利用

砧木是果树嫁接的基础，对接穗有重要影响。因此，采用嫁接育苗时，除认真选择优良品种作接穗外，慎重选用适宜的砧木也是非常重要的。正确选择和利用砧木，历来为果树栽培和果树育种界所重视，确定适合某一地区的果树砧木种类，是培育优良苗木的重要条件，也是关系到建立规范化果园并获得良好经济效益的关键。不同气候、土壤类型地区对果树砧木有适应范围的要求；不同果树砧木对气候、土壤环境条件的适应能力也有所选择。在发展果树生产时，应根据当地生态环境条件，注意选用适宜的果树砧木，才能充分发挥果树的生物学特性，达到高产、优质、高效和低成本的经济效益。

砧木母本园

二、实生苗培育

目前砧木苗的培育主要以实生苗培育为主，而以自根苗为辅。

（一）种子的采集与贮藏

种子的质量关系到砧木苗的长势，是培育优良苗木的基础。采集种子时必须选择品种纯正、生长健壮且无严重病虫害的植株作为母本树，在种子充分成熟时采集（主要果树砧木种子采集时期见下表）。收取果实内的种子，应注意堆沤腐烂果肉时，防止温度过高损伤种胚，应及时翻动降温。果实经加工处理取种，温度超过45℃时，不能供作种子使用。种子经过晾晒和阴干后，应按标准要求，进行精选和分级，使种子纯度达到95%以上。

主要果树砧木种子采集时期

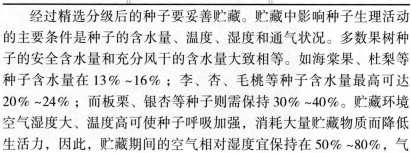

树 种	采集时期	树 种	采集时期	树 种	采集时期
酸枣	9月	君迁子（黑枣）	11月	核桃、核桃楸	9月
山定子	9—10月	海棠果	9—10月	秋子梨（山梨）	9—10月
砂梨	8月	杜梨	9—10月	豆梨	8—9月
山桃	7—8月	山樱桃	6月中旬至7月上旬	山杏	6月下旬至7月中旬
毛樱桃	6月				

经过精选分级后的种子要妥善贮藏。贮藏中影响种子生理活动的主要条件是种子的含水量、温度、湿度和通气状况。多数果树种子的安全含水量和充分风干的含水量大致相等。如海棠果、杜梨等种子含水量在13%~16%；李、杏、毛桃等种子含水量最高可达20%~24%；而板栗、银杏等种子则需保持30%~40%。贮藏环境空气湿度大、温度高可使种子呼吸加强，消耗大量贮藏物质而降低生活力，因此，贮藏期间的空气相对湿度宜保持在50%~80%，气

温 0~8℃为宜。大量贮藏种子时，还要注意种子堆内的通气状况，特别是在温度、湿度较高的情况下更要注意通气和防止虫、鼠害。贮藏方法因树种不同而异。落叶果树的大多数树种种子在充分阴干后贮藏。但板栗、樱桃和银杏等果树的种子，采种后必须立即播种或湿藏，才能保持种子的生活力，否则，干燥以后将丧失生活力或降低发芽力。人工低温、低湿、氧气稀少的环境条件，亦可使不适于干藏的种子延长其生活力。

（二）种子的层积处理

层积处理是指落叶果树种子在适宜的外界条件下，完成种胚的后熟过程和解除休眠促进萌发的一项措施。因处理时常以河沙为基质与种子分层放置，故又称沙藏处理。层积处理多在秋、冬季节进行。多数落叶果树需要在 2~7℃的低温、基质湿润和氧气充足的条件下，经过一定时间完成其后熟阶段。层积期间，有效最低温度为 –5℃，有效最高温度为 17℃，超过上限或下限，种子不能发芽而转入二次休眠。种子层积需要良好的通气条件，降低氧气浓度也会导致二次休眠。基质湿度对层积效果有重要作用，通常沙的湿度以手握成团而不滴水（约为最大持水量的 50%）为宜。层积后熟时间长短主要是由不同树种和品种的遗传特性所决定（见下表），但也与层积前贮藏条件有关。

主要果树砧木种子层积日数（2~7℃）

树种	层积日数（天）	树种	层积日数（天）	树种	层积日数（天）
湖北海棠	30~35	海棠果	40~50	山定子	25~90
八棱海棠	40~60	杜梨（小粒）	60	秋子梨（山梨）	40~60
杜梨（大粒）	80	沙果	60~80	核桃、核桃楸	60~80
扁桃	45	酸枣	60~100	山杏	45~100
山桃、毛桃	80~100	杏	100	中国李	80~120
酸樱桃	150~180	山樱桃	180~240		

种子层积处理

层积沙藏具体操作如下：于土壤封冻前选择地势高燥、排水良好、背风阴凉处挖深 60~80cm、宽 80~100cm，长度随种子量的多少而定。层积种子前，沟底先铺一层 10cm 左右厚的湿沙，上面放与湿沙混合的种子。小粒种子用种子体积 5~8 倍的湿沙混合，大粒种子用 10 倍湿沙混合。混沙种子堆到离地面 10cm 左右处，再覆湿沙至地面，并覆土成屋脊状。贮种沟的四周要注意挖有小的排水沟，以防备雪水和雨水浸入。贮种沟内，从沟底每隔 1.5m 竖插 1 束"秫秸把"作为通气的孔道。在种子量少的情况下，可用木箱、花盆或在室内贮藏，将种子与湿沙混合均匀，直接装入木箱或花盆内，埋藏在冷凉、背阴、湿度变化不大的地方。注意不要放到向阳处，以免种子提早发芽。在层积过程中，要经常检查，应防止浸水、鼠害。层积后期要检查沙堆中的温度和湿度，必要时可翻动种子，以防霉烂变质。天气渐暖后，每 7~10 天检查 1 次层积沟或坑内的湿度，发现沟内土壤干燥或干湿不均匀时，应适当加水或翻动，使堆内湿度均匀。发现种子霉烂应及时剔除。3 月以后，气温上升，待有 30% 种子开始"露白"时（种胚处出现裂口露出白点，胚根还未伸出），即可开始播种。

（三）播种

播种是培育砧木苗的基本环节，主要包括圃地准备、播种时期、播种方法、播种深度和播种量等技术要点。

1. 圃地准备

以壤土或沙壤土为宜，在圃地准备时需要施入足量的腐熟有机肥，然后作畦或垄。多雨地区或地下水位高的地区，宜作高畦以利排水。少雨干旱地区宜作平畦或低畦，以利灌溉保墒。为防治地下害虫应在播种前撒施农药，畦的宽度以有利苗圃作业和机械作业为准，长度可根据地形和需要而定。

2. 播种时期

落叶果树一般分为春播和秋播，适宜的播种时期，应根据当地气候和土壤条件以及不同树种的种子特性决定。冬季严寒、干旱、风沙大、鸟、鼠害严重的地区，宜春播。春播的种子必须经过层积沙藏或其他处理，使其通过后熟解除休眠，方可播种，以保证出苗正常和整齐一致。冬季较短且不甚寒冷和干旱，土质较好又无鸟、鼠为害，则可秋播，种子在土壤中通过后熟和休眠。秋播种子翌春出苗早，生长期较长，苗木健壮，但应注意冬春期间较长和土壤容易干旱地区，应适当增加播种深度或进行畦面覆盖保墒，保持土壤湿度。

砧木种子播种

主要果树砧木种子每千克粒数及播种量

树种	每千克种子粒数	播种量（kg/hm²）	树种	每千克种子粒数	播种量（kg/hm²）
山定子	150000~220000	15~22.5	山核桃	100~160	2250~2625
丽江山定子	100000~120000	15~22.5	海棠果	40000~60000	15~22.5
沙果	4480	15~33.8	秋子梨	1600~28000	30~90

续表

树种	每千克种子粒数	播种量（kg/hm²）	树种	每千克种子粒数	播种量（kg/hm²）
杜梨	28000~70000	15~37.5	野生砂梨	20000~40000	15~45
酸枣	4000~5600	600~900	毛樱桃	8000~14000	112.5~150
山核桃	100~160	2250~2625	君迁子	3400~8000	75~150
核桃	70~100	1500~2250	山樱桃	12000	112.5~150
豆梨	80000~90000	7.5~22.5	毛桃	200~400	450~750
山桃	260~600	300~750	山杏	800~1400	225~450

3. 播种方法

目前常用的播种方法主要有条播和点播两种。山定子、海棠、杜梨等小粒种子，多条播，条播是在畦内按计划行距开沟播种，出苗后密度适当，生长比较整齐，容易施肥、中耕、除草等作业，应用较为广泛。桃、杏、核桃等大粒种子，按一定距离点播于苗床或垄沟内，此法用种量较少，苗木生长健壮，田间管理方便，起苗出圃容易，但单位面积产苗量较少。

4. 播种深度

播种深度因种子大小、气候条件和土壤性质而异，覆土深度以种子最大直径的1~5倍为宜。干燥地区比湿润地区播种应深些。秋冬播比春播应深些。沙土、沙壤土比黏土应深些。为有利种子发芽出苗，尤其干旱地区或风大而水源较少时，应注意采取播后覆膜保墒。

5. 播种量

播种量不仅影响产苗数量和质量，也与苗木成本有密切关系。

实生砧木苗

三、自根苗培育

（一）影响扦插与压条生根成活的因素

1．内部因素

（1）种与品种　果树因树种不同，其枝上发不定根或根上发不定芽的难易有所不同。例如，山定子、秋子梨、枣和核桃等，其枝条再生不定根的能力弱，而根再生不定芽的能力较强，因此枝插不易成活而根插则易成活。同属不同种的果树，枝插发根难易也不同，如山葡萄、圆叶葡萄比欧洲葡萄和美洲葡萄发根难。同一种果树不同品种枝插发根难易也有差别。

（2）树龄和枝龄　通常从幼树上剪取的枝条比老树上剪取的枝条扦插较易生根。枝龄较小比枝龄较大的枝条扦插容易成活。

（3）营养物质与维生素　枝条所贮藏的营养物质多少与扦插和压条生根成活有密切关系。因此，生产中通过施用适量氮肥（尤其是喷施氨基酸系列叶面肥，中国农业科学院果树研究所专利产品），植株生长在充足的阳光下，对枝条进行环剥或环缢等措施，可显著增加枝条的营养物质和生长素类物质，从而促进枝条扦插或压条生根成活。维生素也是植物营养物质之一。已知维生素 B_1、维生素 B_2、维生素 B_6、维生素 C 和烟碱对于枝条生根是必需的。

（4）植物生长调节剂　不同类型的植物生长调节剂对根的分化有

影响。生长素对植物茎的生长、根的形成和形成层细胞的分裂都有促进作用。细胞分裂素在无菌培养基上对根插有促进不定芽形成的作用。脱落酸在矮化砧 M_{26} 扦插时有促进生根的作用。

2. 外部因素

（1）温度　白天气温 21~25℃，夜间约 15℃时有利硬枝扦插或压条生根。冬季或春季插条成活的关键在于采取措施提高土壤温度，使插条先发根后发芽。插条生根适宜土温为 15~20℃或略高于平均气温 3~5℃。但各树种插条生根对温度要求不同，如葡萄在 20~25℃的土温条件下发根最好，我国樱桃则以 15℃为最适宜。

（2）湿度　土壤湿度和空气湿度对扦插或压条成活影响很大，扦插或压条时土壤含水量最好稳定在田间最大持水量的 50%~60%，空气湿度越大越好。

（3）光照　扦插发根前及发根初期，强烈的光照加剧了土壤及插条中水分消耗，易使插条干枯，因此应避免强光直射。夏季带叶嫩枝扦插，应搭棚遮阴和经常喷水。

（二）促进扦插与压条生根的方法

1. 机械处理

（1）剥皮　在枝条上适宜部位剥去一圈皮层，宽 3~5mm。环剥时间为压条繁殖前在枝条上环剥，也可在采插条前 15~20 天对欲作插条的枝梢环剥，待环剥伤口长出愈伤组织而未完全愈合时，剪下扦插。

（2）纵刻伤　在插条基部 1~2 节的节间刻划 5~6 道纵伤口，深达韧皮部（见到绿色皮为度）。刻伤后扦插，不仅使插条在节部和茎部断口周围发根，而且在通常不发根的节间也发出不定根。

2. 黄化处理

在新梢生长初期用黑布或黑纸等包裹基部，使枝梢叶绿素分解消失，枝条黄化，皮层增厚，薄壁细胞增多，生长素积聚，有利于根原体的分化和生根，黄化处理时间必须在扦插前 3 周进行。

3. 加温处理

早春扦插因土温较低而生根困难，可利用火炕或地热线增温的办法促进插条生根。如葡萄硬枝扦插生根可使基质温度保持在20~28℃，气温8~10℃以下，为保持适当湿度要经常喷水，可使根原体迅速分生，而芽延缓萌发。

电热线加温处理

4. 植物生长调节剂处理

在枝条扦插时为促进插条生根常用吲哚丁酸（IBA）、吲哚乙酸（IAA）和萘乙酸（NAA）等植物生长调节剂处理枝条。此外，中国林业科学院研制的ABT生根粉对促进插条生根效果也非常好。硬枝扦插时所用浓度一般为5~100mg/L，浸渍12~24小时，嫩枝扦插一般用5~25mg/L，浸渍12~24小时。也可用50%酒精作溶剂，将生长调节剂配成高浓度溶液，短时间浸渍处理。

（三）自根苗主要繁殖方法

自根苗目前所用的繁殖方法主要有扦插繁殖、压条繁殖、分株繁殖和组织培养等，其中扦插繁殖应用较多，目前主要在葡萄上应用；压条繁殖和分株繁殖有所应用，其中压条繁殖主要在苹果和梨的矮化砧、石榴、无花果等上应用，分株繁殖主要在枣、树莓、蓝莓等上应用；而组织培养近年开始广泛应用，尤其是在甜樱桃矮化砧木苗和苹果矮化砧木苗的培育上。

樱桃砧木自根苗   葡萄砧木自根苗

第二节　接穗准备

一、采穗圃的建立

建立采穗圃要选择土壤肥沃、有灌溉条件、交通便利的地方，并尽可能建在苗圃地附近。定植前圃地必须细致整地，施足基肥。所用品种必须来源可靠，如果用多个品种建圃时，应按设计图准确排列，栽后绘制定植图。采穗圃的株行距比生产园可稍小。

采穗圃

二、接穗的采集与贮藏

为保证苗木品种纯正和质量，应从品种正确、生长健壮且无检疫性病虫害的母本树上采集接穗，选择接穗的枝条必须生长充实、芽体饱满。由于嫁接时期、方法和树种不同，作接穗的枝条也不一样。夏、秋季芽接和绿枝嫁接一般采用当年生新梢作接穗。春季枝接多采用 1 年生枝条，也可用 2 年生枝条。

生长健壮、品种优良的母本树

冬、春季嫁接用接穗的采集时间从果树落叶后到芽萌发前均可，但因各地气候条件不同，具体采集时间有所不同。冬季抽条现象严重或早春易受冻害的地区，以秋末冬初采集为宜；而对于冬春抽条轻微或早春不易受冻害的地区，可在春季萌芽前的 3 月采集。对于采集后的接穗枝条需保水贮藏，可放在地窖、冷库等地方，用湿沙贮藏，沙子湿度以手握成团而不滴水为宜，温度以 0~10℃为宜。

硬枝嫁接接穗的采集与贮藏

夏、秋季嫁接用接穗应随用随采。由于当时气温较高，保湿非常重要。接穗枝条采下后要及时剪掉叶片，用湿布包好待用，嫁接时把接穗放在塑料桶或盆中备

芽接或绿枝嫁接

用。短途运输，可在夜间进行。需长途运输，最好用冷藏车或利用飞机空运。运回后要妥善保管，低温高湿不失水是保证成活的关键。

第三节　嫁接工具及用品

　　嫁接工具的种类、质量不仅影响嫁接效率，而且影响嫁接成活率。要求刀锋锯快，以便削、截面光滑，愈合良好。常用的嫁接工具有芽接刀、剪枝剪、刀片、劈接刀、嫁接机、嫁接剪、削穗器、削穗刀、砧木切削器、锯、割膜机、熔蜡炉等；常用的配套嫁接用品有塑料薄膜条、嫁接蜡、塑料盆和棉布等。

Ω 嫁接剪（硬枝嫁接）

Ω 嫁接机（硬枝嫁接）

刀片（绿枝嫁接）

剪枝剪和手锯　　　劈接刀（上）芽接刀（下）

砧木切削器、削穗器、削穗刀三者结合使用，可大大提高嫁接效率

割膜机（嫁接用塑料包扎条的切割）

熔蜡炉

嫁接用塑料条　　　　　　　嫁接蜡

各种嫁接工具及用品

第三章

常用的果树嫁接方法

第一节　芽接法

　　指以芽片为接穗的嫁接繁殖方法，是果树嫁接中最常用的嫁接方法之一，常用的嫁接方法有"T"形芽接、方块芽接、嵌芽接和贴芽接等。芽接嫁接时间长，成活率高，有利大量繁殖苗木。根据芽片是否附带木质芽接分为带木质芽接和不带木质芽接两类。在皮层与木质部容易剥离时可用不带木质部的皮芽嫁接；皮层与木质部不易剥离时，可用带少量木质部芽接。芽接时期多在形成层细胞分裂旺盛时进行，容易愈合和成活。因此，春、夏、秋三季，只要接芽发育充实，砧木达到嫁接粗度，砧穗双方形成层细胞分裂活跃，均可进行芽接。各地具体芽接时期，应根据育苗目的（三年苗还是两年苗）和不同树种的特点及当地气候条件而定。

芽接法

一、"T"形芽接

又称盾状芽接，为不带木质部芽接，是芽接中应用最广泛的一种方法之一。砧木为1~2年生健壮苗木，当年生粗壮、芽体饱满的新梢作接穗，剪去叶片，只留叶柄基部，并用湿布包好保湿备用。在砧木苗离地面10~20cm选光滑部位切一个"T"字形切口，横口宽1cm左右，竖口长1.5cm左右，深度以切断韧皮部为宜，然后用尖刀撬开皮层。取接芽在接穗芽的上方0.5cm左右处横切一刀，深达木质部，再由芽的下方1cm处切入，由浅至深向上推移，直至横切口处，然后取下盾形芽片。再将芽片顺砧木切口由上向下推插芽片，使芽片上切口与砧木横切口密接，用塑料薄膜条绑缚。

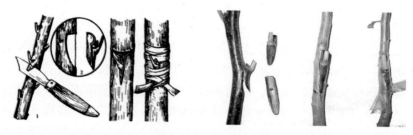

"T"形芽接模式图及应用实例

二、方块芽接

又称工形芽接，为不带木质部芽接，多用于柿、核桃等芽接育苗。在砧木光滑部位，间隔1.5cm左右，上下切两道切口，然后在两横切口之间的中间位置纵切一刀，剥开皮层。在接穗芽上下各横切一刀（接穗两横切口距离与砧木两横切口距离等长），芽两侧各纵切一刀（纵切口距离等于或小于砧木横切口长度）剥取方块形芽片。将切好的方块形芽片迅速嵌入砧木切口内，按实后绑缚。

方块形芽接如将一般嫁接刀换为双刃嫁接刀可大大提高嫁接效率和成活率，这是因为一方面用双刃嫁接刀起砧木上的皮层和接穗上的芽，上下距离都相等，可使砧木和接芽对得很齐；另一方面用双刃嫁接刀一次能刻两刀，显著提高嫁接速度。双刃嫁接刀由手柄、两片刀片和固定刀片的铝合金固定架组成。

方块芽接

三、嵌芽接

嵌芽接是带木质部芽接的一种，适于砧木和接穗不易离皮时使用。取芽时先在芽的下方0.5cm处向下斜切一刀，而后在芽上方1.0cm处从上往下斜入木质部削一刀，使两切口相遇芽片即可以取下。在砧木离地面10~20cm选择光滑部位，先向下斜切一刀，深达木质部，再于其上方1.5cm处由上向下斜入木质部削一刀，至下切口处相遇，取下削片。切口削面长、宽与接芽长、宽相等或略大。随即将接芽带木质盾状芽片嵌入一侧形成层对齐，然后用塑料薄膜条包扎严紧。

嵌芽接模式图及应用实例

四、贴芽接

贴芽接是带木质部芽接的一种，适于砧木和接穗不易离皮时使用。与嵌芽接方法相比，该方法具有嫁接速度快、成活率高、愈合快、接穗利用率高、简单易学的优点。在砧木距地10~20cm处选一光滑部位，由下向上削一弧形削口（削时，要用手腕轻轻旋转刀头），削口长 2.5~3cm，深 2~3mm；在接穗上由上向下削取弧形芽片，芽居于芽片的正中，取下接芽，接芽要比砧木的切口略小，削后立即将接芽贴在砧木上，尽可能使接芽与砧木的形成层一侧对齐，用塑料薄膜扎严扎紧，使之上下左右不透水、不漏气。注意塑料布条宽度以 2cm 为宜，接芽要露在外面，还要注意的是砧木削面以刚刚露出木质部为宜。

贴芽接

第二节　枝接法

　　枝接法是以枝段为接穗的嫁接繁殖方法，常用的方法有双舌接、劈接、切接、插皮接和插皮舌接等。每接穗带有 1~3 芽。与芽接法相比，操作技术比较复杂，工作效率较低。但在砧木较粗、果树高接换优或利用坐地苗建园时，采用枝接法较为有利。依接穗的木质化程度分为硬枝嫁接和绿枝嫁接。硬枝嫁接是用处于休眠期的完全木质化的发育枝为接穗，于砧木树液流动期至旺盛生长前进行嫁接。绿枝嫁接是以生长期中半木质化或未木质化的枝条为接穗，在生长期内进行嫁接。枝接时期以春、夏、冬三季为宜。春季嫁接为硬枝嫁接，于树液开始流动，芽尚未萌发时即可进行，直至砧木展叶为止，北方地区多在 3 月下旬至 5 月上旬；夏季嫁接为绿枝嫁接，北方地区多在 5 月下旬至 7 月上旬；冬季嫁接为硬枝嫁接，在北方寒冷地区常用，一般在落叶后将砧木和接穗贮于窖内，于冬季进行室内嫁接，春季成活后栽到苗圃。

一、双舌接

在砧木和接穗粗度相似的情况下采用，硬枝或绿枝嫁接均可。首先在接穗下端芽背面削 3cm 左右的斜面，然后在削面的前端 1/3 处与枝条平行向下纵切，长约 1cm 成舌状。砧木上削成同样的削面及切口，把接穗的切口插入砧木的切口中，使接穗和砧木的舌状部位交叉咬合并对齐形成层。砧木和接穗粗细不一致时应使双方一侧形成层对齐、密接。然后用塑料薄膜条将结合部位绑扎严密。

枝接法

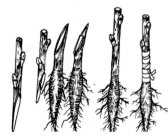

双舌接模式图及应用实例

二、劈接

适于较细或中等粗度的砧木，硬枝或绿枝嫁接均可。接穗选芽体饱满枝段，在接穗下端芽的左右两侧，削成等长内侧稍薄、外侧稍厚的契形斜面，削面长 3~4cm，核桃和柿子等粗壮的接穗斜面应长些，每个接穗留 2~4 个芽。在砧木适当部位锯断砧木并削平锯口或剪断砧木。在砧木中间劈一垂直劈口并将其撬开，然后把接穗轻轻插入并对准砧木外侧形成层。削面上端"留白"0.5cm，如砧木较粗，同一接口可以插入 2 个接穗，最后用塑料薄膜条包扎严密。

劈接模式图及应用实例

三、切接

适于中等粗度或较粗的砧木，宜硬枝嫁接。首先在接穗下端芽的背面斜削长约3cm的斜面，再于其背面斜削一长约1cm的短削面。在砧木适当部位锯断或剪断砧木并削平锯口，然后在横断面的1/5~1/4处，垂直下切深2.5cm左右。将接穗的长斜面向里，短削面靠外，将接穗插入砧木的切口中。使接穗长斜面的形成层和砧木切口的形成层对齐、靠紧，用塑料薄膜条包扎严密。

切接模式图及应用实例

四、插皮接

适于较粗或特粗的砧木，宜硬枝嫁接。在砧木适当部位锯断或剪断砧木并削平锯口或剪口，然后在横断面适当部位向下切开皮层长约3cm，深达木质部。接穗下端一侧削成长3~4cm的长削面，另一侧削成长0.5~1.0cm的小削面，保留2~3个芽。拨开砧木切口皮层，将接穗长削面朝向木质部，自上而下顺切口皮层插入至接穗长削面"露白"0.5cm为止，然后用塑料薄膜条包扎严密。

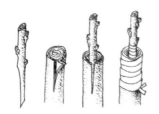

插皮接模式图及应用实例

在插皮接的基础上，发展出插皮舌接，多用于核桃嫁接，要求砧木和接穗都离皮时进行，北方最适期一般在 4 月。砧木直径要求1.5cm 以上方可采用此法。削接穗方法同插皮接，只是长削面长度更长，为 5~6cm，并将接穗削面皮层和木质部剥开。在砧木适当部位剪断或锯断砧木并削平锯口，然后在断口光滑一侧削去表皮，露出韧皮部内层，削面长度为 6~7cm。将接穗木质部插于砧木木质部和韧皮部之间，接穗的韧皮部贴在砧木皮层的外边，最后用塑料薄膜条包扎严密，该方法嫁接成活率高于插皮接，但嫁接效率低于插皮接。

五、Ω 接

在砧木和接穗粗度相似的情况下采用。该方法是伴随着 Ω 嫁接机和 Ω 嫁接剪的发明而出现的一种硬枝机械嫁接方法。该方法具有嫁接速度快、接口紧密、砧木与接穗接触面大愈合好、成活率高、简单易学、接穗利用率高等优点，缺点是嫁接机造价较高，适于育苗企业或大户使用。在嫁接时将砧木和接穗放到嫁接机刀口下，用脚踩下传动柄即可使砧木和接穗以 Ω 嫁接口的形式紧密结合，然后采用蜡封或塑料薄膜条包扎严密即可。

Ω 接

六、茎尖嫁接

又称微型嫁接，是将植株嫩尖嫁接在试管组培幼小砧木苗上，实行工厂化育苗的一种嫁接方法。目前，该技术已在苹果、核桃、葡萄和桃等果树上应用。可从田间或温室植株上采取 1~3cm 长的嫩梢，用解剖刀切下茎尖 1cm 左右梢段，经过严格消毒后，在解剖镜下切取带有 2~3 个叶原基的茎尖。在无菌条件下取出 15 天苗龄试管苗作砧木，截顶留 1.5cm 长的砧茎。在砧木顶侧切一倒 T 形口，横切一刀，竖切平行两刀，深达形成层，挑去三刀间的皮层，将切好的茎尖放入砧木切口。然后将嫁接苗放入试管培养基中，在强光下培养。

第三节　中间砧分段嫁接法

指在基砧（实生砧）上嫁接营养系矮化中间砧，留取一定长度中间砧段，在其上嫁接品种接穗或芽而培育成的苗木。一般需要 2~3 年时间。中间砧分段嫁接法在苹果、梨矮化中间砧苗木繁育中常常应用，目前在葡萄中为调节接穗品种生长势（如以生长势弱的维多利亚为中间砧可有效减弱接穗品种的生长势）也常有应用。中间砧分段嫁接法常常采用枝芽接结合法、夏季芽接或枝接等手法。

一、枝芽接结合法（分段芽接法）

秋季在矮化砧苗上，每隔 20cm 左右分段芽接栽培品种，翌年春，将品种芽分段剪截，再把这些枝段分头枝接在基砧上即可。

二、夏季芽接

第 1 年培育基砧苗并芽接中间砧芽，第 2 年春季剪砧后，矮化砧芽萌发生长，于 5—7 月时，在要求中间砧长度（15~20cm）的地方，芽接栽培品种。接好后，随即把中间砧苗摘除顶芽，使其充实加

粗，有利于接芽成活。接芽成活后 7~10 天，从品种接芽上端剪去矮化砧梢，促使品种芽萌发生长，当年秋成苗出圃。

三、双重枝接

先准备好基砧苗和中间砧段，在冬季或早春，将栽培品种用切接方法嫁接在 20~25cm 长的中间砧枝段上，用塑料条绑紧包严，然后经过沙藏、到春季用切接方法将带有栽培品种芽的中间砧段嫁接到基砧上，到秋季即可培育成矮化中间砧嫁接苗。

四、芽接与靠接结合

在 1 年生基砧距基部 3~5cm 处芽接矮化中间砧芽，距中间砧 5~7cm 的对面芽接栽培品种。翌春，从栽培品种芽的上方剪砧，同时在中间砧芽的上方刻伤，促使两个接芽同时萌发生长。夏季将中间砧和品种枝条靠接，靠接成活后，剪去中间枝段，到秋季即可培育成矮化中间砧成苗。

而葡萄中间砧分段嫁接常采用两年夏季枝接或当年春季硬枝嫁接与夏季绿枝嫁接结合的方法。

第四节　嫁接后管理

一、芽接苗的管理

1.检查成活、剪砧

大多数果树芽接 10 天后即可检查成活情况，并统计成活率，做好补接准备。成活的芽接苗可在芽片上 0.5cm 处剪砧以集中养分供给接芽生长。剪砧时间对于秋季芽接苗而言应于第 2 年春季剪砧，但剪砧不易过早，在砧木芽刚开始萌发时为宜；对于夏季芽接苗或春季芽接苗成活后可立即剪砧。

2. 解绑、补接

为有利于苗木生长良好，芽接苗剪砧后应及时解除嫁接塑料薄膜条，同时对嫁接未成活的砧木立即进行补接，补接时要注意品种必须与原先嫁接品种一致。

3. 抹除萌蘖

嫁接后，从砧木基部容易萌发大量萌蘖，需及时、多次抹除，使养分集中供应接芽生长。

4. 土肥水管理及病虫害防治

一般接穗品种生长前期，需及时施肥灌水，肥料以氮肥为主，同时喷施氨基酸叶面肥（中国农业科学院果树研究所专利产品，能显著促进苗木生长，提高苗木抗性）；生长后期，施肥以磷钾肥为主，叶面肥改为氨基酸钾叶面肥（中国农业科学院果树研究所专利产品，能显著促进苗木成熟，提高苗木抗性），控制灌水，促使苗木充实，枝条尽快成熟。同时要注意及时除草并保持土壤疏松，并做好病虫害防治。

抹除砧木萌蘖　　　　中耕除草　　　　喷施叶面肥

芽接苗的管理

二、枝接苗的管理

1. 检查成活、剪砧

大多数果树枝接 30 天后即可检查成活情况，并统计成活率，做

好补接准备。成活的枝接苗可在芽片上 1.0cm 处剪砧以集中养分供给接芽生长。

2. 解绑、补接

为有利于苗木生长良好，应及时解除嫁接塑料薄膜条，同时对嫁接未成活的砧木立即进行补接，补接时要注意品种必须与原先嫁接品种一致。

3. 抹除萌蘖、定梢

嫁接后，从砧木基部容易萌发大量萌蘖，需及时、多次抹除，使养分集中供应接芽生长。如果枝接接穗多或枝接接穗上萌发新梢多，应及时选留方位合适、生长健壮的 1 个新梢，其余去除。

4. 立支柱

高接换优树体，待接穗品种新梢长至 20cm 左右时应及时立支柱防止折枝。枝接苗土肥水管理与病虫害防治同芽接苗。

第四章

主要果树嫁接苗的繁育

第一节　葡　萄

一、圃地选择与规划

1. 圃地选择

圃地以近 5 年没有栽培过葡萄、无"三废"污染、交通方便、地势平坦、水源充足、灌排通畅的肥沃沙壤土地段最为适宜。

2. 苗圃地规划

专业性葡萄苗圃，应设有良种与砧木种条采集母本区和苗木繁殖区，连作 2 年后要设有轮作区。每个小区的面积，按育苗数量而定，一般为 150~300 亩。

（1）母本区　提供优良品种或砧木的繁殖材料基地，应选择有发展前途的优良品种和抗性砧木进行定植，培养母本树。最好选用无病毒、无检疫病虫的品种及砧木苗定植在母本区。

（2）繁殖区　是苗圃的主体部分，占苗圃地的 80% 左右。

（3）轮作区　繁殖区连续 2 年育苗后，要倒茬换地，才能减少病虫害和保证苗木质量。因此，繁殖区要准备 1/3 的小区轮换倒茬，改种其他豆科经济作物 2~3 年和增施有机肥料后再进行育苗。

砧木母本区

品种母本区

繁殖区

二、种条的采集与贮藏

无论是接穗种条（硬枝嫁接用）还是抗性砧木种条均要求在品种纯、生长健壮、无病虫害的树上采集。在冬剪时剪取充分成熟、节间长度适中、芽眼饱满的枝条作为嫁接繁殖用种条。一般采集的种条8~10节截成一段，50~100根为一捆，拴好品种名标牌，防止混杂。

种条采集与整理

种条采后用湿沙埋上，防止失水风干。贮藏沟在背风向阳，地势略高地段，东西向，深和宽各1m左右，长度视插条数量而定。也可利用菜窖、果窖、山洞等冬季温度在0℃左右的地方贮藏。

种条贮藏（左贮藏沟，右沙子湿度要求）

贮藏时先将种条用500~800倍液的多菌灵或甲基托布津等杀菌剂喷布或浸泡2~3分钟，取出阴干后再进行贮藏。首先在贮藏沟（窖）底，平铺7~10cm厚的湿河砂或细砂土，沙的湿度，要求用手攥不滴水，张手裂纹但不散为宜。然后，将拴好名牌的种条，一捆挨一捆的横放或立放，品种名牌拴在容易看到的位置，捆间要充满湿沙，不同品种用隔标间隔，以防混杂。各品种种条埋藏的位置要记档案，以便用时查找。距沟顶20cm左右时，上部用湿沙将沟盖严，并略微凸起防止雨水渗入。冬季年绝对低温在−20℃以下的地区还要增加覆盖物预防冻害。沟内的温度控制在1~3℃较为宜。在立春后，倒条一次，检查沙子的湿度，看插条有无发霉现象，如有发霉种条，用500倍液的多菌灵或百菌清等杀菌药液喷布或浸泡2~3分钟后阴干，再进行贮藏。

三、硬枝嫁接

一般在2—5月的春季进行。

1. 种条剪截与浸泡

（1）接穗种条的剪截与浸泡　首先将取出的贮藏种条成捆放入清水中浸泡12~24小时，然后取出剪截成段放入容器中用湿布盖好备用。接穗长度以10~12cm，剪留1个饱满芽为宜，一般接穗芽上部剪留2~3cm，下部剪留8~9cm为宜。

（2）砧木种条的剪截与浸泡　首先将取出的贮藏种条用剪枝剪进

行去芽处理（防止砧木种条萌发萌蘖，节省用工），然后成捆放入清水中浸泡 12~24 小时，浸泡后取出剪截成段放入容器中备用。砧木长度 30cm 左右为宜，砧木枝条上剪口平剪，下剪口斜剪，一方面便于识别上下，另一方面有利于扦插时作业和种条生根。

种条清水浸泡　　　　　　　　接穗种条剪截

砧木种条去芽浸泡　　　　　　砧木种条剪截

2. 嫁接

（1）人工嫁接　一般采用劈接法。第 1 步用锋利的嫁接刀在操作台上将接穗进行切削处理备用，一般将接穗从下方切削成 2.5cm 左右和 3.5cm 左右的两个平滑削面；第 2 步用砧木切削器将砧木从中间劈开备用，开口长度 3cm 左右为宜；第 3 步将接穗插入砧木，使砧穗形成层对齐，如砧穗粗度不一致时，至少要使砧穗形成层一侧对齐，注意接穗部分需稍微露白以利于愈伤组织形成；第 4 步用嫁接膜将接穗与砧木绑紧然后捆成捆，一般 10 根一捆。

（2）机械嫁接　一般采用 Ω 嫁接法，所用机械有两种，即一步嫁接机和两步嫁接机。一步嫁接机操作简单，但价格高；而两步嫁接机虽然价格低，但操作烦琐。嫁接完成后需蘸愈合蜡以促进嫁接口愈伤组织的形成。

第1步：

自制接穗切削器　　　　　　　　　切削接穗

切削标准　　　　　　　　　接穗备用

人工硬枝嫁接流程图

第2步：

自制砧木切削器　　　　　　　　　切削砧木

自制砧木切削器参数

第 3 步：

插接穗

第 4 步：

嫁接口薄膜固定　　　　　　　　　保湿包装

一步嫁接流程图：

　嫁接机　　　　砧木和接穗同时放在嫁接机　　　Ω 嫁接口

两步嫁接流程图：

压接穗　　　　　　　　压砧木　　　　　　Ω 嫁接口

封愈合蜡　　　　　　　整齐码放

机械硬枝嫁接流程图

3.嫁接后管理

（1）催根与嫁接口愈合　首先将硬枝嫁接苗砧木基部用萘乙酸或 ABT 生根粉等处理，然后再放到电热温床，以促进根系生成和嫁接口愈合。①激素处理：首先将嫁接好的嫁接苗一捆挨一捆立放在容器中，防止上下颠倒，然后添加萘乙酸或 ABT 生根粉溶液（适宜浓度为 50~100mg/kg）浸泡 8~12 小时即可，溶液深度以浸到砧木基部 3~5cm 为宜。注意萘乙酸和 ABT 生根粉不溶于水，要先用少量酒精或高度白酒溶解，然后再按浓度要求加入纯净水配成药液。②电热催根：激素处理后，还需进行电热催根处理。电热温床一般由电热线和控温仪组成。苗床位于有电源的冷屋或在室外平地挖深 0.6m，宽 1.2~1.5m 的地下式苗床，其上平铺 5~6cm 厚的河沙或珍珠岩或蛭石为基质，踩实压平，在床的两端用等长的小木方固定（6cm×4cm），在木方上按 5cm 间距钉一根小塑料钉或铁钉，将电热线一端以"弓"字形拉紧、拉直，两端分别接在自动控温仪的正负电源上，然后进行温度测试，如电热线增温正常，即可断电，在电热线上平铺 2~3cm 厚的河沙等，再将进行过激素处理的硬枝嫁接苗，基部掇齐朝下，一捆挨一捆的立放在苗床上，捆间空隙用河沙等填满，插条顶芽露在外边。全床摆满后，对于人工硬枝嫁接苗需在上面覆盖一层地膜，以保持水分促进嫁接口愈合，而对于嫁接口蘸过愈合蜡的机械嫁接苗其上不需覆盖地膜。最后，将测温仪的测温探头和直管温度计插入插条底部基质内，然后通电加温，将床温控制在 25~28℃，最高不要超过 30℃，如超过 30℃，可浇水或断电降温，使床温降至 28℃左右，床外温度以 10℃以下为宜。催根基质的水分含量以手攥成团不滴水，张手裂纹而不散为宜。待嫁接苗嫁接口愈合并且砧木基部长出良好的愈伤组织后，经 2~3 天低温锻炼即可入圃定植。对于人工硬枝嫁接苗可直接入圃定植，而对于机械嫁接苗需蘸固定蜡后方可入圃定植。

（2）嫁接苗入圃定植　在繁殖区每亩施优质腐熟农家有机肥 5 000kg，翻入 30cm 左右耕层，耙平后按垄宽 60cm 间距开沟，沟宽、深各 30~40cm，做成半圆形垄，以便灌水。垄面耙平后灌水，待水渗下稍干时，垄面、垄沟喷施除草剂清除杂草。然后扣上黑色地膜，保持水分，提高地温。每垄双行，行距 30cm，株距 12~15cm，以利通风透光和田间作业。当地温上升到 10℃以上时，先用扎孔器，按行、株距，破膜扎孔，然后将催根后的嫁接苗插入孔中，深度 5~10cm 即可，沟内、垄上灌透水，再用土封孔，以后每隔 7~10 天灌 1 次透水，共灌水 5~6 次即可。

电热温床或温箱

覆盖地膜保湿促进嫁接口愈合　　　基质湿度标准

人工硬枝嫁接入圃定植标准

机械嫁接入圃定植标准　　　机械嫁接封固定蜡

入圃定植　　　苗木生长状　　中国农业科学院果树所
　　　　　　　　　　　　　　　　研发叶面肥

　　当新梢抽出 5~10cm 时，选留一个粗壮枝，其余抹掉，集中营养，加速苗木生长。同时，要注意防治黑痘病、霜霉病和白腐病等。在 6 月防病喷药时，加入氨基酸叶面微肥（中国农业科学院果树研究所专利产品），在 7—8 月喷药时要加入氨基酸钾叶面微肥（中国农业科学院果树研究所专利产品，喷施该系列叶面肥不仅可显著提高苗木抗性，而且可显著促进苗木成熟），共进行 3~5 次叶面追肥，促使苗木健壮生长。新梢生长到 30cm 左右时，要立杆拉绳引绑新梢，副梢留 1 片叶绝后摘心。立秋前后（8 月上旬）对苗木新梢进行摘心，使苗木加粗和充实，早日达到木质化的标准成苗。

四、叶柄去除绿枝嫁接（由中国农业科学院果树研究所与兴城市绍成葡萄良种苗木繁育场联合研发提出）

1．砧木催根与入圃定植

砧木催根与入圃定植与硬枝嫁接嫁接苗催根和入圃定植相同。

2．绿枝嫁接

葡萄绿枝嫁接一般采用劈接的方法进行，嫁接时期以夏季的 5—7 月为宜。绿枝劈接取材方便、操作简单、接口牢固、成活率高。以辽西地区为例，在 5 月下旬至 6 月下旬，砧木和品种接穗的新梢（绿枝）抽出 8~10 片叶（为促进砧木生长，使嫁接时间提前以提高嫁接苗一级苗出苗率，建议砧木入圃定植后及时喷施中国农业科学院果树研究所研制的专利产品氨基酸系列叶面肥，一般每 7~10 天喷施 1 次，连喷 2~3 次即可），茎粗达 0.5cm 左右，大部分苗木基部已经半木质化时，是绿枝劈接的最佳时期。首先对砧木进行摘心、抠除腋芽和去掉副梢，促进加粗生长。2~3 天后，彻底抠除砧木基部腋芽，在砧木基部留 2~3 个叶片，节上留 2~3cm 的节间剪断，用半片刮脸刀片或锋利的芽接刀在砧木剪口中间垂直劈开，深度 2.0~2.5cm，取与砧木粗度接近的品种绿枝接穗，用单芽嫁接，在芽上 1.0~1.5cm 和芽下的 3.0~3.5cm 处断开，将接芽叶柄削除（中国农业科学院果树研究所与兴城市绍成葡萄良种苗木繁育场联合研发提出，与传统带叶柄嫁接相比，不仅省工省力而且嫁接成活率显著提高），于接芽下方约 0.5~1.0cm 处削成两侧平滑的长 2.0~2.5cm 的楔形斜面，立即插入砧木劈口中，使砧穗形成层对齐，如砧穗粗度不一致时，至少要使砧穗形成层一侧对齐，接穗斜面刀口上露出 1~2mm，俗称"露白"，以利愈合。然后用 1cm 宽无毒有拉力的塑料薄膜带，从砧木接口下边向上缠绕，只露出接芽，将嫁接处、叶柄痕和接芽顶部伤口都缠绑严密，封严后打结。

3. 嫁接后管理

嫁接后立即灌水，及时抹掉砧木上的萌蘖并加强病虫害的防治工作。当接芽抽出 20~30cm 新梢时，选留 1 条粗壮枝，引绑在竹竿或铁线上，防止风折，以利于通风透光和减少病虫害发生。同时，对副梢留 1 片叶子绝后摘心，促进新梢的生长。在 6—8 月，每隔 10~15 天喷 1 次杀菌剂并加氨基酸叶面微肥（中国农业科学院果树研究所专利产品），防止病虫害发生和促进苗木生长。每隔 15 天左右灌 1 次透水。在 8 月末至 9 月初对新梢摘心，并结合防治病虫害，喷布氨基酸钾叶面微肥（中国农业科学院果树研究所专利产品，喷施该叶面肥不仅提高苗木抗性，而且显著促进苗木成熟）3~5 次。

五、苗木出圃与贮藏

待苗木叶片黄化或落叶后，开始将苗木出圃并分级然后入贮苗沟或池贮藏，贮藏方法同种条贮藏。

剪砧木　　　　　　　　　接穗去叶柄

削接穗

劈砧木　　　插接穗　　　绑嫁接布，标准露芽但包叶柄

小拱棚育苗　　　　　抹除砧木萌蘖　　　　　接穗萌发

绿枝嫁接苗生长状　　　　　中国农业科学院果树研
　　　　　　　　　　　　　究所专利－叶面肥

苗木黄化落叶　　　　　　　　　起苗机起苗

绿枝嫁接流程图

第二节　苹　果

一、圃地选择与规划

1. 圃地选择

苗圃地要求无检疫性病虫害和环境污染，交通便利；背风向阳，地势高燥，排水良好；地下水位在 1.5m 以下；有灌溉条件；土层深厚，土壤肥沃，土质以沙壤土、壤土和轻黏土为宜；土壤酸碱度以 pH 值 5.0~7.8 为宜；3 年内未繁育果树苗木。

2．苗圃地规划

按功能划分，苗圃地规划可分为两大类用地。

（1）生产用地　主要包括母本园区和繁殖园区。母本园区包括砧木母本园和良种母本园或无病毒采穗圃。砧木母本园提供实生果苗种子和无性砧木材料繁殖材料，而繁殖区适用于生产嫁接苗木的区域。如果面积大，可将繁殖区划分为若干小区。

（2）非生产用地　一般占苗圃总面积的 15%~20%，包括道路、排灌系统和房舍建筑等。

二、砧木种子的采集与贮藏

1．砧木种子采集

苹果的基砧都是实生繁殖的，因此要采集种子播种。采集砧木种子应选择生长健壮的母树，选取充分成熟的、饱满的、无病虫害的果实。一般地，在辽宁地区，10 月中旬大部分砧木果实都已成熟，个别生长期长的品种，可延迟到 10 月下旬到 11 月上旬采收。果实采收后可以放在编织袋内，袋放在阴凉背阴处堆沤，促使果肉软化腐烂，洗出种子。堆积期间一定要经常翻动，以防果肉腐烂过程中放热，温度过高，烧坏种子，发酵腐烂也能造成缺氧，降低种子活力。果肉软化后，人工揉碎，反复搓洗，取出种子，淘洗干净，放在干净的纸上摊成薄层，置阴凉通风处自然风干，之后除去瘪种子和杂质，贮放在干燥、冷凉处备用。

砧木种子采集

2．砧木种子层积

（1）层积前准备　先将河沙用水冲洗，除去杂质和泥土，晾干后备用。河沙体积和种子的比例为5∶1，用清水将河沙喷施拌匀，用水量不宜过大，不能滴水，相对湿度达到40%~50%，"手握成团，一触即散"为宜。

（2）层积的时间　种子后熟所需的时间一般为60天左右，层积通常在1月上、中旬开始，直到4月初气温回升催芽时结束。常见苹果砧木适宜层积时间见下表。

（3）层积处理的方法　如果种子量少，可把种子与河沙按比例拌匀后，装入尼龙网袋中，做好标签，外面覆一层湿润的脱脂棉，再放2~7℃的冰箱中层积。层积期间可以定期检查几次，如若沙子变干，可在棉花表面均匀喷水保湿。如果种子数量较多，可在室外挖沟层积，先将种子按比例拌入河沙装入大的编织袋，并做好标记。一般选择尼龙或塑料的袋子，通透性好，不易发霉。选一处地势高燥、背阴的地方挖长方形沟，方向以东西方向为宜，沟深60~80cm，宽1m左右，长短根据种子数量而定。沟挖好后，先在沟底铺一层20cm厚的湿沙，再把装种子的编织袋平放在湿沙上，如果种子量过大，可以将编织袋立放于湿沙上，但是沟的深度要更深一些，袋子放好后，用湿沙把编织袋之间的空隙填满，踩实。之后再填入至少10cm厚的湿沙，最后覆土填沟，并高出地面略成土丘状，以利排水。层积期间定期检查编织袋内的湿度、温度及通气状况、检查种子有无发霉情况，如有发霉时可将编织袋取出，清洗种子和沙，继续层积。如果沙子略见干燥，则可适当加水调节。还要注意防止鼠害。春季地温回升，需经常查看、翻拌，防止底层种子发芽或霉烂。如果种子过早萌芽，则必须转移种子到温度较低的地窖或冷库中冷藏保存。

部分苹果砧木品种适宜层积时间

砧木种类	适宜层积时间（天）	砧木种类	适宜层积时间（天）
山定子	30~50	西府海棠	60
湖北海棠	30~50	河南海棠	60
楸子	60~80	新疆野苹果	70

3. 砧木种子催芽

通常条件下，种子在层积 2 个月就能通过后熟过程，但是由于外界气温低，不能达到萌芽所需的条件，种子被迫进行休眠。当温度回升，准备播种之前 7~10 天，将层积的种子取出，进行催芽。催芽主要是为了种子萌芽整齐。如果少量种子，可先将沙子筛除，种子取出后，用湿纱布包裹，放于培养皿中，在 20℃培养箱中进行催芽，注意保持培养面中的湿度。如果是大量种子则需将层积的编织袋直接放入 15~20℃的温室或阳光下进行催芽。催芽期间要经常查看温湿度和萌芽情况，当大部分种子裂嘴冒出白色根尖时即可。胚根不易冒出过长，容易折断，而且消耗种子的养分过多，影响扎根。此外，如果湿度保持不好，根尖冒出后，很容易干死，影响成活。

种子层积用河沙湿度要求

4. 砧木种子的播种

选一平整地块，整理成畦，畦宽 1.2~1.5m，表面铺层配好的营养土，园土、有机肥、炉渣比例为 3∶1∶1。先浇 2 遍透水，待畦面上的水完全下渗，没有积水时，将催芽后的种子均匀撒在畦面上，再在种子上面扬一层薄薄的细沙保湿。最后在畦面上架起小拱棚，扣上塑料薄膜，增加温度，促进种子继续萌发和幼苗期的生长。如果种子量少或者品种珍贵，可以采取营养钵育苗法。选用直径为 9cm 的黑色营养钵，将配好的营养土装入营养钵，不要太满，大约 2/3 高即可，然后摆放整齐。浇 2 次透水后，将种子轻轻点播在钵内，再扬一层干的细沙，现在营养钵的上方铺一地膜，之后再起拱另加一层薄膜。播种后，要对棚膜内的温度和湿度进行监测，如果土面见干，应喷水保湿，如果棚内温度过高，超过28℃以上，应及时防风降温。如果是营养钵育苗，在苗木长到5cm左右高度时，将营养钵去除，带土坨移栽到田间，按株距5~10cm定植，之后不再移栽，达到一定粗度后直接嫁接。

5. 砧木幼苗的田间管理

砧木实生幼苗的生长季管理主要包括除杂草、病虫害防治和肥水管理等技术措施。幼苗期要及时清除杂草，减少杂草对幼苗的养分竞争；苹果砧木本身抗逆性相对较强，但由于幼苗期枝叶幼嫩，易招致叶螨、卷叶虫、蚜虫、白粉病等病虫害，如有为害，应及时喷药加以防治。为了能使幼苗健壮生长，达到嫁接的标准，提高苗木的整齐度，要在生长季合理加强肥水管理，生长季每间隔15~20天，喷1次氨基酸叶面肥（中国农业科学院果树研究所专利产品），土壤干旱时，要及时灌水。营养钵苗定植后可在幼苗基部或垄沟撒施尿素，推荐用量每亩15~20kg，之后灌水，雨季也结合降雨进行施肥1~2次。秋季生长后期控水控肥，促进苗木枝条成熟，以便越冬。

6. 砧木的假植和移栽

砧木幼苗生长一年后，由于撒播种子，没有规范的株行距，砧木基部嫁接部位的粗度也不够，所以必须移栽，还需再培育一年。当年秋季落叶后，将砧木苗起出，放入贮藏窖沙藏。而营养钵培育的砧木已经按照一定的株行距培育，无需再移栽，但当年也不能嫁接。将土地平整后，按50~55cm间距犁成浅沟，沟深10cm左右，不易太深。砧木在定植之前先进行根系修剪，把骨干根剪成平口，一些死亡的细小根系剪掉备用。用小铲在浅沟内插一缝隙，深度大约5cm，把砧木根系顺到缝隙里，然后再覆土踩实。栽完后立即灌透水。3天之后再回水一次，然后把浅沟覆土填平。成活以后，在行间犁一条15~20cm的沟，并把土翻到树行上，形成垄台。

砧木苗的移栽

三、接穗的采集和贮藏

枝接法嫁接的接穗可在苹果品种休眠期从树势健旺的母树上采集，并做好标记，接穗一般取树体外围的1年生长枝，不要取徒长枝和旺长枝，其枝条成熟度不好，芽子瘦小。取好的接穗要放于贮藏窖中沙藏保存。嫁接前将砧木取出放清水中浸泡1天即可。如果是芽接法必须在生长季取树冠外围木质化的长梢，并把叶片剪掉，保留叶柄，防止散失水分。接穗最好插到清水中保鲜，可保持1周左右，最好是现接现采，嫁接成活率高。

四、芽接

苹果芽接在生长季凡皮层能够剥离时均可进行，其中7—9月是主要芽接时期。

1."T"形芽接

选充实健壮的发育枝上的饱满芽作为接芽。把接穗上的叶片全部剪掉，只保留叶柄。在芽的上方0.5cm左右处横切一刀，深达木质部，然后在芽的下方1.5~2cm处下刀，略倾斜向上推削到横切口，用手捏住芽的两侧，左右轻摇掰下芽片。芽片长度为1.5~2.5cm，宽0.6~0.8cm，不带木质部。在砧木离地面10cm处选择光滑的部位作为芽接处，用刀切一个"T"字形切口，深达木质部。横切口应略宽于芽片宽度，纵切口应短于芽片。用刀轻撬纵切口，将芽片顺"T"字形切口插入，芽片的上边对齐砧木横切口，然后用塑料条从上向下绑紧，但要求芽眼露出，保留叶柄。

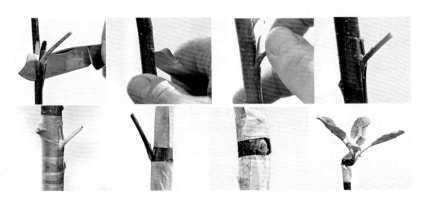

T字形芽接示意图

T形芽接流程图

2. 嵌芽接

嵌芽接适合在砧木或接穗不离皮的季节嫁接。先在接穗的芽上方0.8~1cm处向下斜切一刀，长约1.5cm，然后在芽下方0.5~0.8cm处，斜切成30°到第一刀口底部，取下带木质部芽片。芽片长 1.5~2cm。按照芽片的大小，相应地在砧木上由上而下切一切口，长度应比芽片略长。将芽片插入砧木切口中，两者形成层对齐，注意芽片上端必须露出一点砧木皮层，以利于愈合，然后用塑料条绑紧。

五、枝接

枝接是以成熟接穗枝条嫁接到相应的砧木上的嫁接方法，对嫁接时期要求不严格，只要接穗保存在冷凉处不萌发，一年四季都可进行枝接，但以春季萌芽前后至展叶期进行较为普遍。

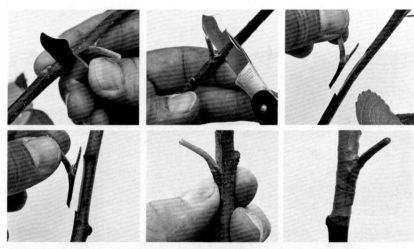

嵌芽接示意图

嵌芽接流程图

1. 切接法

枝接用的接穗长度通常为 6~8cm，带有 2~4 个芽。过长的接穗萌芽后生长势常较弱。将接穗基部两侧削成一长一短的两个削面，先略斜切长削面长达 3cm 左右，再在其对侧斜削 1cm 左右的短削面，削面应平滑。在砧木欲嫁接部位选平滑处截去上端。削平截面，选皮层平整光滑面由截口稍带木质部处向下纵切，切口长度与接穗长削面相适应，然后插入接穗，紧靠一边，使形成层对齐，立即用塑料条包严绑紧。

切接流程图

2. 劈接法

在接穗基部削成两个长度相等的楔形切面，切面长 3cm 左右。切面应平滑整齐，一侧的皮层应较厚。接穗的上端剪口要用塑料包严，防止失水抽干，接穗可以一次多削几个，放到清水中，防止剪口氧化，影响成活。将砧木截去上部，削平断面，用刀在砧木断面中心处垂直劈下，深度应略长于接穗面。将砧木切口撬开，把接穗插入，较厚的一侧应在外面，接穗削面上端应微露白，然后用塑料薄膜绑紧包严。较粗的砧木可同时接上 2~4 个接穗。

3. 插皮接法

又称皮下接，适合砧木较粗、皮层厚易于离皮时采用。在接穗基部与顶端芽的同侧削成单面舌状削面，长度 3cm 左右，在其对面下部削去 0.2~0.3cm 的皮层。砧木截去上部，用与接穗切削面近似的竹签自形成层处垂直插下。取出竹签，插入削好的接穗。接穗削面应微露出，以利愈合。用塑料条绑紧包严。用刀在砧木上纵切一刀，插入接穗也可。

劈接流程图

4. 腹接法

在接穗基部削一长约 3cm 的削面，再在其对面削成 1.5cm 左右的短切面，长边厚而短边稍薄。砧木可不必剪断，选平滑处向下斜切一刀，刀口与砧木约成 45°。切口不可超过砧心。将接穗插入，绑紧包严。

腹接流程图

六、苗木出圃与贮藏

在北方寒冷地区，苗木从砧木幼苗到出圃一般需要 2~3 年时间，可在苗木落叶后即可出圃，出圃的苗木立即放入窖内沙藏，并用覆盖物覆盖，注意保持沙子湿度，一般为 40%~50%。也可以在第 3

年早春萌芽前出圃，此时可以现栽现出圃，成活率较高。

第三节　梨

一、实生砧苗

指通过在实生砧木上嫁接品种枝条或芽繁殖而成的苗木。从砧木培育、嫁接品种到苗木出圃，一般需要 2 年时间。

1. 砧木的培育

（1）砧木种子的采集　梨砧木种子在果实成熟时采集，一般为 9-10 月。果实采收后，放入罐里或堆积以促使果肉软化，堆积期间需经常翻动，以防温度过高。果肉软化后揉碎，然后洗净取出种子。取种温度不宜过高，须保持在 45℃以下，以免种子失去生活力。种子取出后，需适当干燥，贮藏时才不会霉烂。通常置暗处阴干，不宜暴晒。

（2）层积处理　梨砧木种子的层积处理与苹果相同。不同砧木种子所需层积时间不同，杜梨为 60~80 天，山梨 50~60 天，豆梨约为 30 天。

砧木播种　　　　　　　　　　砧木苗假植

（3）播种　播种圃最好进行冬耕、施肥，然后整平。春季解冻后播种。如砧木当年移栽，播种时间可提前至 3 月上中旬，播种后覆盖地膜，种子长出 2~3 片真叶时将地膜去掉，待苗长出 5~7 片真叶时移栽。实生砧抗性强，病虫害相对较少，主要注意防杂草，适当浇水施肥。发现病虫害要及时防治。

2. 接穗的采集与贮存

在繁殖苗木时，应从无病毒良种母本园的成年母树上采集接穗。母树必须品种纯正、生长健壮、无病虫为害、无检疫对象的芽眼饱满的枝条。秋季芽接要选用当年的新梢作接穗，春季枝接多采用 1 年或 2 年生的枝条，春季嫁接的接穗可结合冬剪采集，然后埋于地窖、山洞或沟内的湿沙中保湿、防冻。春季要控制萌发，随用随取。夏秋季采集接穗，应立即剪掉叶片，保留叶柄，以减少水分蒸发。接穗应放在阴凉的地方，下端用湿沙培好，并喷水降温保湿。也可将接穗捆成小捆用包装材料保湿吊入井内贮放随用随取。从外地调运的接穗应用凉水冲洗降温，然后用湿报纸或棉絮包好，装入塑料袋或布袋中保湿贮运，到达终点后及时嫁接或贮于阴凉处。

砧木苗苗圃定植

采集接穗

3. 嫁接

（1）芽接　以一个芽作接穗的嫁接方法称为芽接。常用的芽接方法有"T"字形芽接、嵌木芽接和梭形带木质芽片贴接三种方法。①"T"字形芽接：在作接穗的新梢生长停止后，芽已充分肥大，而砧木苗和接穗的皮层还能剥离时进行。适宜嫁接的时期因各地气候条件不同而异。北方在7月下旬至8月下旬，南方8月中旬至9月下旬。梨树育苗多采用"T"字形芽接。取芽时选取接穗中、上部的饱满芽，在芽的上方3~5mm处横割半圈，深达木质部，再从芽的下方1cm处向上斜削一刀，削至芽上方的横刀口，然后捏住叶柄和芽，横向一扭，取下芽片。在砧木离地面5~6cm处选光滑部位，先横切一刀，宽度比接芽略宽，深达木质部，再在横刀口中间用芽接刀尖向下划一垂直切口，长度与芽片相适应。两刀的切口呈"T"字形。用刀尖轻轻撬开砧木皮层，将剥下的接芽迅速插入，使接芽上端和砧木的横切口密接，其余部分与砧木紧密相贴，然后用塑料条自上而下绑紧。接后10天左右即可检查成活情况。成活的芽子，色泽新鲜如常，叶柄一触即落。接芽萎缩，叶柄干枯不落，则没有接活，应随即补接。②嵌芽接：取芽困难时，可用嵌芽接法。在芽上方约1.5cm处向下斜削，由浅入深，长2.5cm，深达接穗直径2/5处，然后在芽下方0.7cm处向内偏下斜切，达第一刀口处，取下接芽；在砧木适当部位，同法作一切口，然后把接芽嵌入接口内，对准形成层，用塑料条绑紧。③贴芽接：梭形带木质芽片贴芽接适宜范围广，既可用于苗期低接，也可用于大树高接。一年四季均可嫁接，嫁接速度快，成活率高，愈合好。具体操作方法是：于芽下方1.5~2cm处由下而上紧贴皮层，由浅入深，微带木质，拉到芽基上端1~1.5cm处，然后向下横切一刀，削下带木质的梭形芽片。砧木亦从下而上削去一梭形砧皮，深达木质部（要求削面光滑，削口大小、形状与接芽片相符）。砧木接口作好后，立即把梭形芽片紧贴于砧木切口上，使芽片与砧木削口全部对齐，至少一侧对齐，用塑料条绑紧。

（2）枝接　以一个或几个芽的一段枝条作接穗的嫁接方法称为枝接。根据接法不同可分为切接、劈接和腹接等。①切接：接穗应留2~3个饱满芽。接穗下端削一刀3cm长的平直斜面，在其背面削一刀长1cm的斜面。砧木距地面3~5cm处剪断，选平整光滑一侧，偏内向下直切。最好是切口的长宽与接穗的长削面差不多。将长削面朝里、短削面靠外，插入砧木切口。在砧木上部，接穗露出2~3mm

削面，砧、穗的形成层至少一侧对齐，然后用塑料条绑紧、包
严。② 劈接：与切接法不同之处是接穗削法为两个相近似的长削
面，砧木从中间劈开，将削好的接穗插入砧木切口，砧、穗形成层至
少一侧对齐。最后绑紧包严。③ 腹接：通常采用切腹接法。此法保留
砧木嫁接口以上部分，削接穗与切接相似，不同之处是削面两侧一边
厚、一边薄。用修枝剪或接刀在砧木嫁接部位作一斜刀口，长度与接
穗的长削面相当，深达木质部 1/3 处，将接穗长削面朝里，短削面朝
外插入切口，厚的一侧形成层与砧木形成层对齐，最后用塑料条包严。

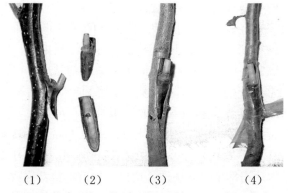

（1）　　（2）　　　（3）　　　　（4）

（1）取芽；（2）取下的芽片（上：外面 下：里面）；（3）插入芽片；（4）绑缚

"T"字形芽接

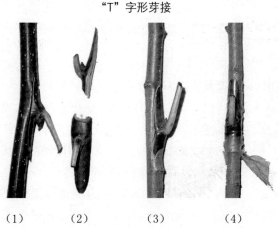

（1）　　（2）　　　（3）　　　　（4）

（1）取芽；（2）取下的芽片（上：侧视 下：正视）；（3）插入芽片；（4）绑缚

嵌芽接

（1）　　　　　　　（2）　　　（3）

（1）接穗（左：正视　右：侧视）；（2）插接穗；（3）绑缚

劈接

二、营养系矮化中间砧苗

　　指在基砧（实生砧）上嫁接营养系矮化中间砧，留取一定长度中间砧段，在其上嫁接品种接穗或芽而培育成的苗木。一般需要 2~3 年时间。常采用常规嫁接、分段芽接、双重枝接以及双芽靠接等方法进行繁殖。

矮化中间砧苗繁育

三、嫁接苗的管理

1. 检查成活、解除缚绑物和补接

芽接后 10~15 天后即可检查成活情况。若芽片新鲜、叶柄一触即落，证明已经成活。因成活后叶柄处可产生离层，说明芽具有生命力。若不脱落，叶柄已干枯，证明芽已死亡。在检查过程中发现绑的太紧应立即松绑或解除，以免影响枝条加粗生长，或因枝条加粗后，使绑条勒进皮层，使芽片受伤，甚至影响植物生长。一般芽接后的 3 周应解除绑条，过早或过晚解除都会影响成活率。对于嫁接未成活的应立即补接，以免太晚，砧木不能离皮而影响成活。

检查嫁接成活率并解缚

2. 培土防寒

冬季干旱严寒地区，为了防止接芽受冻及冬季干旱，在封冻前应灌 1 次封冻水后，培土防寒，培土以超过接芽 6~10cm 为宜。春季解冻后及时撤掉防寒土，以免影响接芽萌发。

3. 剪砧及补接

在萌芽前，进行剪砧，以集中营养供给接芽生长。剪砧时，在接芽以上 0.5cm 处下剪，要使接芽的一面略高于对面，成为截面稍倾斜的光滑表面，以利于愈合。剪砧时间太早，剪口易风干受冻，太晚砧木萌发浪费营养，要在砧木即将萌发时进行为宜。对于越冬后未成活的，春季可用枝接法进行补接。

剪砧前后

4. 除萌

　　嫁接成活剪砧后，破坏了地上部与地下部的平衡，这样不仅促使接芽萌发并长出旺盛的新梢，还会从砧木的其他部位萌发大量萌蘖和根蘖。凡接口以下发出的萌蘖要及时除掉，以集中营养促进接芽萌发和迅速生长。除萌要经常检查，随时除掉。

5. 枝接苗的田间管理

及时除萌

　　枝接成活后，更易抽生萌蘖，要连续检查，及早掰掉。枝接的新梢生长快而旺盛，而接口处的愈合组织则更幼嫩，接口处极易被风折断或受机械损伤。应在新梢长 30cm 左右时，及时立支柱引绑。支柱下部与砧木要绑牢，上部适当松些，以免影响新梢的生长发育。枝接成活后，几个芽常同时萌发，应选择方位好、生长健壮的新梢，其余抹掉。

6. 防治病虫害及肥水管理

　　新梢萌发后，幼嫩组织易遭受病虫害，要加强预防。注意防治卷叶虫、蚜虫和早期落叶病等。发现花叶病、锈果病的病株要拔除销毁。加强肥水管理，用氨基酸及氨基酸钾叶面肥（中国农业科学院果树研究所专利产品）喷施 2~4 次，促进枝条充实。对于成活而不萌发或生长量小的可用 50~300mg/L 赤霉素（920）涂抹芽顶，刺激其生长。

四、苗木出圃

1. 苗木出圃前的准备

苗木出圃是果树育苗工作的最后一个环节。苗木质量的好环与出圃作业有密切的关系，可以直接影响定植的成活率及幼树的生长发育。因此，出圃前应做好各项准备工作。要对苗木种类、品种、等级和数量等进行认真调查和核对，制订周密的出圃规划和技术操作规程。对包装器材、运输工具，假植与贮藏地点妥善安排。

2. 挖苗时期

挖苗时期应在晚秋霜降落叶后进行，此时空气蒸发量小，受伤的根系有较长的愈合时间，嫁接苗可免遭冬季低温伤害。起苗过早，苗木成熟不充分，影响定植成活率。对于迟迟不落叶的苗木应当喷布 1 000 倍液乙烯利或人工摘叶，以免蒸发水分。挖苗前应提前灌水，有利于挖掘和少伤根。

3. 挖苗方法

大型苗圃可用拖拉机带挖苗犁挖苗，小型苗圃多用铁锹人工挖苗。人工挖苗要两人一组，在垄的两侧对挖，拔出后，立即用土将根系埋好，以防被风吹干。挖苗时，一定要保证根系完整，主、侧根长度至少保留 20cm 以上。

起苗

4. 苗木分级与修整

苗木分级是苗圃内最后一次选择工作，要求品种纯正，砧木类型正确，嫁接口愈合良好；地上部枝条健壮、充实、具有一定的高度和粗度，芽眼饱满；地下部根系发达，须根多，断根少，主侧根长 20cm 左右，无严重的病虫伤害及机械损伤。对于不合格的苗木应继续归圃培养。苗木分级完成后，要立即对苗木进行修剪，主要是剪除苗干过高而不充实部分、病虫枝梢和根系的受伤部分。修剪完成后，将苗木的根系浸沾泥浆以保湿。

5. 苗木检疫

苗木检疫是防止病虫传播的有效措施，凡列入检疫对象的病虫，应严格控制，防止蔓延。做到疫区不能出，新区不能进。苗木出圃，必须报送农林管理和植物保护机构或由其指定的专业技术人员检疫，发给检疫证的苗木方能调入调出，发现有检疫对象的苗木不能外运。苗圃工作人员不能到疫区引种苗木或种条，也不能接受没有检疫证书的苗木或种条。

6. 苗木消毒

为了控制除检疫对象以外的病虫传播及苗木贮运期间病害发生，在外运或贮藏前要进行苗木消毒。可用 4~5 波美度石硫合剂浸根或喷布，浸根时间以 10~20 分钟为宜，最后再用清水洗净。有虫害的可以加杀虫剂。此外，也可用 100 倍液等量式波尔多液浸苗 10~20 分钟，再用清水洗净根部。

7. 包装与运输

苗木经检疫合格后，外运的必须立即进行包装，大苗 30~50 株一捆，小苗 100 株一捆，挂好标签，注明树种、品种、等级、数量及产地等。包装材料有草袋、蒲包、纤维编织袋，纸箱。保湿填充物有青苔、碎稻草、锯末等。用草绳将根和干茎捆紧，浸湿，套上塑料袋。运输时间较长的苗木，在包装前，将根部再浸沾一次稀黄泥浆，运输途中要经常检查有无抽干和冻害。

8．假植

暂时不能外运的苗木，应立即假植，选择避风、排水好、土质疏松的平坦地块，挖50cm深、50cm宽的沟，苗放在沟里，南北向分层斜放，苗梢朝南，边填细沙土边晃动苗木，使沙土充满根系空间，土覆至苗高一半左右，灌透水。以后随着气温下降，再覆沙土1~2次，最后培土到苗高的2/3以上。对易"抽条"风干的苗木，或风沙太大地区可多覆土，冬季加盖秸秆等。苗木埋藏过早，地温高，苗木易腐烂；晚了，土壤冻结，覆土困难，根系漏风，易遭干寒伤害；春季气温上升时，应立即撤掉部分覆土，并控制土壤湿度过大，以防止伤热烂根。

苗木假植

第四节 桃

一、苗圃地选择与规划

1．苗圃地选择

苗圃地地形一致，地势平坦，背风向阳，土层深厚，质地疏松，排水良好，水源充足，地下水位在1.0m以下，忌重茬地。

2. 苗圃地规划

分采穗圃和苗木繁殖圃两部分。对规划设计出的小区、畦进行统一编号，对小区、畦内的品种登记建档，使各类苗木准确无误。

二、砧木苗培育

一般秋冬季播种，常常在封冻前的 11 月、12 月整地播种，翌年 2−3 月覆盖薄膜，4 月中下旬至 5 月上旬幼苗出土后及时定苗，叶面喷施氨基酸系列叶面肥（中国农业科学院果树研究所专利产品）和农药。但在北方过于寒冷或鼠兽害严重的地区一般采取春播，春播种子需首先进行层积处理，具体参考第二部分第二章第一节。

三、接穗的采集与贮藏

枝接选择无病虫害，生长健壮，结果 3 年以上，丰产稳产品质优的树冠中上部的发育成熟、芽眼饱满的 1 年生枝条作接穗，以 50~100 条捆成小捆，栓好写上品种名称、产地、数量的标签，以免混杂。

枝接接穗的贮藏应视数量的多少而用不同的方法。数量少，可用草纸浸湿后，敷在捆好的枝条上，外面再用薄膜封严，放置阴凉处即可。数量多，应选用贮藏坑。常规贮藏办法是穗条采回整理后，要及时放在低温保湿的深窖或山洞内贮藏，温度要求低于 4℃，湿度达 90% 以上，在窖内贮藏时，应将穗条下半部埋在湿沙中，上半截露在外面，捆与捆之间用湿沙隔离，窖口要盖严，保持窖内冷凉，这样可贮至 5 月下旬到 6 月上旬，在贮藏期间要经常检查沙子的温度和窖内的湿度，防止穗条发热霉烂或失水风干。若无地窖也可在土壤结冻前在冷凉高燥背阴处挖贮藏沟，沟深 80cm，宽 100cm，长度依穗条多少而定。入沟前先在沟内铺 2~3cm 的干净河沙（含水量不超过 10%），穗条倾斜摆放沟内，充填河沙至全部埋没，沟面上盖防雨材料。也可将整理好的穗条放入塑料袋中，填入少量锯末、河沙等保湿物，扎紧袋口，置于冷库中贮藏，温度保持 3~5℃。其优点是省工、省力，缺点是接穗易失水，影响成活率，所以现在推广使用蜡封接穗。蜡封接穗具体操作如下：按嫁接时所需的长度进行剪截，一般接穗枝段长度为10~15cm，保留3个芽以上，顶端具饱满芽，枝条过粗的应稍长些，细的不宜过长。剪穗时应注意剔除有损伤、腐烂、失水及发育不充实的枝条，并且对结果枝应剪除果痕。封蜡时先将工业石蜡放在较深的容器内加热融化，待蜡温95~102℃时，将剪好的接穗枝段一头迅速在蜡液中蘸一下（时间在1s以内，一般为0.1s），再换另一头速蘸。要求接穗上不留未蘸蜡的空间，中间部位的蜡层可稍有重叠。注意蜡温不要过低或过高，过低则蜡层厚，易脱落，过高则易烫伤接穗。蜡封接穗要完全凉透后再收集贮藏，可放在地窖、山洞中，要保持窖内温度及湿度。

芽接最好是随采随接。宜选用树冠外围中、上部发育充实、芽饱满、无病虫害的当年新梢，然后剪除新梢叶片，留下叶柄，副梢和不充实新梢不宜作接穗。

四、嫁接

1. 嫁接方法

在桃树育苗中，常用的方法主要有"T"形芽接（夏季嫁接常用）、嵌芽接和贴芽接（春、秋季嫁接常用）等方法；而在桃树的高接换优中常用方法主要有切接和劈接（春季嫁接常用）等方法，详细操作参照第二部分第三章。

2. 嫁接后管理

参照第二部分第三章第四节操作。

五、苗木出圃与贮藏

1. 苗木种类

当年成苗，即当年播种、当年嫁接、当年出圃，俗称"三当"育苗技术。芽苗，即在入秋后进行嫁接，当年不剪砧，接芽不萌发，成为带芽片的苗木，定植后再剪砧，在生长季中定干。

2. 苗木出圃

起苗时间依地区与气候条件而定，一般在秋季或春季进行。秋季起苗要求在新梢停止生长并已木质化，叶片基本脱落时进行，土壤上冻之前较好。春季要在萌芽前，萌芽后则严重影响成活率。

起苗在苗木假植前的 7~10 天（黏土地可提前，沙土地则可晚几天），将苗圃地浇一遍，在苗圃地的土壤达到干湿适宜时再起苗，这样不仅苗木好起，还省工省力，而且苗木的根系较全，为假植以后的成活打好基础。

3. 苗木贮藏

挖出的苗木要及时按品种分类、分级，做好标记，外运苗木要做好包装、检疫，苗木定植前要做好假植工作。假植沟应选背风向阳不积水的平坦地方挖掘，沟宽一般以 2.5m 为宜，沟长根据苗木的数量而定，沟深根据苗木的高度而定，一般挖苗木高度的 3/4 较好，如苗木的高度为 1m，则沟深为 75cm 为宜。将当天出圃的苗木，以与地面呈 30°~40° 半躺于假植沟内，苗木不可重叠或以整捆的形式放下去，摆放好一层后用湿沙或沙土埋住，刚好盖住即可，然后再用同样的方法摆放第 2 层、第 3 层。待苗木假植完以后再把没有盖严的地方盖一些沙土，最后用一些玉米秸类的东西盖在上面即可，到翌年开春后栽植时，随挖随栽。

第五节 核 桃

一、圃地选择与规划

1. 圃地选择

圃地以近 5 年没有栽培过核桃、无"三废"污染、交通方便、地势平坦、水源充足、灌排通畅的肥沃沙壤土地段最为适宜。

2．苗圃地规划

专业性核桃苗圃，应设有良种与砧木种子采集母本区和苗木繁殖区，连作 2 年后要设有轮作区。每个小区的面积，按育苗数量而定，一般为 150~300 亩。

（1）母本区　提供优良品种或砧木种子的繁殖基地，应选择有发展前途的优良品种和抗性砧木进行定植，培养母本树。最好选用无病毒、无检疫病虫的品种及砧木苗定植在母本区。

（2）繁殖区　是苗圃的主体部分，占苗圃地的 80% 左右。

（3）轮作区　繁殖区连续 2 年育苗后，要倒茬换地，才能减少病虫害和保证苗木质量。因此，繁殖区要准备 1/3 的小区轮换倒茬，改种其他豆科经济作物 2~3 年和增施有机肥料后再进行育苗。

二、砧木苗的培育

1．种子的采集与贮藏

从生长健壮、无严重病虫害的树上采集种仁饱满的果实，当果实青皮裂开一半时采收。脱去青皮的种子要薄摊在通风干燥处晾晒，不宜在水泥地面、石板、铁板上暴晒。秋播的种子不需长时间贮藏，晾晒也不需干透。而春播的种子必须充分干燥（含水量低于 8%）后贮藏于低温、通风干燥处，或者用湿沙层积贮藏。

2．苗圃地准备

苗圃地应在前一年秋冬深翻、旋耕。播前应施入足够的有机肥，一般每亩施 5 000~10 000kg 腐熟优质有机肥，过磷酸钙 50kg，结合秋耕施入。另外，播前整地时每亩施入 1kg 黑矾用于土壤消毒，用辛硫磷拌成毒土预防地下害虫。为便于管理，畦宽 1~2m 即可，长度根据实际情况确定。

3．种子处理

秋播种子不需处理，春播种子必须播前浸种或层积贮藏，才能发芽。

（1）层积贮藏　详见第二部分第二章第一节。

（2）冷水浸种　插种前 7~10 天将种子用 0.1%~0.5% 高锰酸钾溶液浸泡 2 小时左右，除去上浮空粒，然后将种子放入冷水中浸泡 7~10 天，每天换水 1 次，或将种子装袋压入河、渠流水中，使其充分吸水膨胀。然后从水中捞出置于水泥地板上暴晒几小时，约 30% 的种子种壳开裂即可播种。

（3）温水浸种　将种子放入缸中，倒入 80℃ 热水，随即用木棍搅拌，待水温降至常温后继续浸泡，以后每天换冷水 1 次，浸种 8~10 天后，部分开始裂口，即可捞出播种。

4. 播种

（1）秋播　在核桃采收后到土壤结冻前进行。播前种子无须处理，春季出苗早而整齐，但在冬季过分寒冷干燥和有鼠兽为害的地区不宜采用。对于北方春季干旱严重的地区，采用秋季青果育苗效果好。青果育苗就是在夏末秋初，采收前半个月左右，选果实饱满的青果作播种材料，当年播种、当年出苗、第 2 年作砧的方法。该法出苗快、出苗率高、苗齐且长势好；青果果壳很快腐烂，可及时为幼苗提供肥料，幼苗生长健壮。青果育苗比干果育苗可提前 0.5~1 年时间达到砧木苗标准，而且节省风干贮存成本。播种时应注意种子的放置方式，以种子的缝合线与地面垂直出苗最好。青果育苗的播期是夏、秋季，高温、高湿、多雨，要注意防涝。田间一定不能有积水，否则，青果极易腐烂。其他管理按常规管理即可。秋末树叶落尽前剪去顶梢，留木质化程度好的近根部，剪后涂油漆保湿。霜冻前培土或覆膜防冻。

（2）春播　在华北地区春播一般在 2 月下旬至 4 月上中旬进行，播前先浇透水，再覆盖地膜，待地温升到 10~12℃ 时直接点播，一般行距 40~60cm、株距 15~20cm 为宜，每亩用种量 100~120kg。种子摆放以种子缝合线与地面垂直出苗最好。深度一般为种子的 3~5 倍，种子上覆土 8~12cm。

5. 播后管理

核桃播种时覆土较厚，靠播种时良好墒情可以维持到发芽出苗，一般不需要浇蒙头水。但北方一些春季干旱风大地区，土壤保墒能力较差时，就需要灌水。如果大部分幼芽距地面较深，可浅松土，如大部分幼芽即将出土，可适时灌水1~2次，保持地表潮湿，不需松土。苗木出齐后，要及时灌水、中耕除草、加强叶面喷肥，苗木生长前期喷施氨基酸叶面肥，后期喷施氨基酸钾叶面肥（中国农业科学院果树研究所专利产品，效果显著）。

三、接穗的采集与贮藏

为保证苗木品种纯正和质量，应从品种正确、生长健壮且无检疫性病虫害的母本树上采集接穗，接穗必须是发育充实的1年生枝条的春梢，要求髓心小，芽子饱满，无病虫害，枝粗1 cm以上。冬、春季嫁接用接穗的采集时间从果树落叶后到芽萌发前均可，但因各地气候条件不同，具体采集时间有所不同。冬季抽条现象严重或早春易受冻害的地区，以秋末冬初采集为宜；而对于冬春抽条轻微或早春不易受冻害的地区，可在春季萌芽前的3月采集。采集的接穗必须用矿蜡或蜂蜡封严剪口，防止伤流和失水。接穗运输时用麻袋或草袋包装，防止风干，影响嫁接成活。冬季采集接穗必须采用沙藏法进行保水贮藏，春季接穗可随用随采，沙藏法具体操作如下：挖宽1~1.5m，深1~1.2m，长视接穗数量而定的水平沟，然后在沟底铺5~8cm厚的湿沙，在沙面上单排一层接穗，再用湿沙埋严接穗，依次进行，直至离坑面30cm，用草帘覆盖坑面，并用木棍或秸秆插入其中，以便通风透气。同时要经常检查，防冻害、风干、霉烂，确保接穗质量。

夏、秋季嫁接用接穗应随用随采。由于当时气温较高，保湿非常重要。接穗枝条采下后要及时剪掉叶片，用湿布包好待用，嫁接时把接穗放在塑料桶或盆中备用。短途运输，可在夜间进行。需长途运输，最好用冷藏车或利用飞机空运。运回后要妥善保管，低温高湿不失水是保证成活的关键。

四、嫁接及接后管理

目前培育核桃良种苗木的主要方法是室内双舌接和夏季方块形芽接。

1. 室内双舌接

砧木用 1~2 年生实生苗（1 年生苗为好），根颈部直径 1~2cm，秋季出圃假植，随用随取。于嫁接前 10~15 天，要对砧木和冷藏的接穗进行"催醒"（时间 3~5 天，温度 26~28℃）。嫁接前将砧木根系稍加修剪，去掉劈裂和过长的根，于根颈以上 8cm 处剪断砧干。选与砧木粗细相当的接穗剪成 12~15cm 长的小段，上端保留 2 个饱满芽。砧木和接穗各削成 5~8cm 长的光滑大斜面，在砧、穗削面上部 1/3 处用嫁接刀各开一接舌，深达 2cm 左右，注意插舌要适当薄些，否则插合不平。砧、穗削好后立即插合，使各自的舌片插入对方的切口，形成层对齐密接，砧穗粗度不一致时，要求形成层对齐一边，并用塑料条绑紧。然后，在 90° 蜡液中速蘸嫁接口以上部分进行蜡封以防失水（也可以在接前蜡封，蜡液比例为：蜂蜡：凡士林：猪油＝6：1：1，为了控制蜡温，要在蜡桶底部放 5cm 深的水）。室内枝接后上温床或直接定植于大田。在 4 月中旬将嫁接好的植株定植于大田，浇水后 2~3 天覆盖地膜，随着地温和气温的回升，缓苗与接口愈合基本同步。如采取温棚定植，可将嫁接时间提前到 3 月左右。嫁接苗定植圃地要平整开沟，沟深 30cm、宽 40cm，底部施 5~10cm 的马粪，并且每亩施入复合肥 50kg，定植时苗木根系用 ABT 生根粉浸泡处理，栽植时采取双行三角形定植，株行距为 30cm×40cm×60cm，栽后立即浇水，水渗后覆盖地膜。温棚内嫁接苗要适时通风练苗，当气温高于 28℃时撤除大棚，根据土壤墒情浇水。苗木生长前期喷施氨基酸叶面肥（中国农业科学院果树研究所专利产品）促进苗木快速生长，并及时抹去砧木萌发的嫩芽；苗木生长后期的 8 月开始喷施氨基酸钾叶面肥（中国农业科学院果树研究所专利产品），提高苗木木质化程度。

2. 方块形芽接

芽接在 5—8 月进行，当年出圃苗需在 5—6 月接完，闷芽接在 7—8 月完成。为提高嫁接效率和嫁接成活率，最好选用双刃嫁接刀。接穗选择树冠外围中上部发育为半木质化的当年生枝条，中部芽成活率最高，摘心可提高接穗接芽的利用率。在采集的接穗上选取饱满无损伤的新芽，先去掉芽下叶柄，越平越好，然后在芽上方和下方 1.5cm 处各横切一刀，在两横刀间，再竖切两刀，竖刀与横刀充分相连，取下方块芽片，注意芽眼处小木芯应在芽片上，但不要带木质，然后在砧木上距地面 10~30cm 处选一光滑部位，和取芽片一样，取上下同长、左右稍大于芽片的皮层，立即把芽片紧贴在砧木木质上，两边微露白边，立即用塑料条绑严、捆紧，切忌在绑缚中芽片挪动。接完后，芽片上方留 4~5 片完整复叶，去掉上部枝条，半月后，当接芽已长出 5~10cm 时，再从新芽上方 3~5cm 处将砧木剪掉即可；当接芽长到 15~20cm 时（芽片愈合时）解绑。同时注意及时抹除砧木萌蘖。在土壤缺墒不太严重时，嫁接后 2 周不浇水施肥，当新梢长到 10cm 以上时应及时追肥浇水并喷施氨基酸叶面肥（中国农业科学院果树研究所专利产品）促进苗木快速生长。秋季应适当增加磷钾肥，注意喷施氨基酸钾叶面肥（中国农业科学院果树研究所专利产品），提高苗木木质化程度。在新梢生长期遭受食叶害虫，要及时检查，注意防治。

双舌接

方块形芽接